COURS DE CHIMIE

A LA MÊME LIBRAIRIE

Ouvrages pour la préparation aux Écoles d'Arts et Métiers.

COURS D'ALGÈBRE par L. TRIPARD, professeur à l'École nationale professionnelle d'Armentières, membre du Conseil supérieur de l'Enseignement technique. — Vol. 19/13^{cm} de VIII-620 pages, avec figures dans le texte, cartonné toile, 2e édition augmentée et conforme au programme du 9 mai 1910. . 4 fr. »

COURS D'ARITHMÉTIQUE par L. TRIPARD. — Vol. 19/13^{cm} de 173 pages, cart. toile. . . . . 4 fr. »

PROBLÈMES DE GÉOMÉTRIE (*Méthodes de résolution et de discussion des*), par G. LEMAIRE. — Un vol. 22/14^{cm} de 223 pages, avec 211 figures, 194 problèmes résolus et 404 à résoudre, 4e édition. . . . . 2 fr. 50

QUESTIONS D'ALGÈBRE ÉLÉMENTAIRE (*Homogénéité, Symétrie, Calcul rapide*), par G. LEMAIRE. — Vol. 22/14^{cm}, de IV-185 pages, avec figures. . . . . 2 fr. 50

COURS DE PHYSIQUE ET CHIMIE, par J. BASIN, professeur agrégé au lycée de Lille. — 2 vol. 19/13^{cm}, cartonnés toile :

Physique. — Vol. de 408 pages, avec 311 fig., 3e édit. 3 fr. »
Chimie. — Vol. de 172 pages, avec 118 fig., 3e édit. 1 fr. 75

Cet ouvrage est beaucoup plus développé que le Manuel ci-après.

MANUEL DE PHYSIQUE ET CHIMIE par J. BASIN. — Vol. 16/11^{cm} de 276 pages, avec 240 figures, relié toile, 3e édit. 2 fr. 50

PROBLÈMES DE PHYSIQUE ET DE CHIMIE (*Principes et exemples de solutions*), par A. MAILLARD, professeur de sciences physiques. — Vol. 20/13^{cm}, renfermant des conseils pour la résolution des problèmes, un formulaire de Physique, et 486 problèmes de Physique et de Chimie dont 105 problèmes résolus. . 2 fr. 50

COURS

DE

CHIMIE

A L'USAGE DES

CANDIDATS AUX ÉCOLES D'ARTS ET MÉTIERS

PAR

J. BASIN
PROFESSEUR AGRÉGÉ AU LYCÉE DE LILLE

TROISIÈME ÉDITION

PARIS
LIBRAIRIE VUIBERT
63, BOULEVARD SAINT-GERMAIN, 63

1913

PROGRAMME OFFICIEL

DES CONNAISSANCES EXIGÉES DES CANDIDATS AUX ÉCOLES NATIONALES D'ARTS ET MÉTIERS

CHIMIE

I. — Constitution des corps; cohésion; cristallisation; corps simples et corps composés; affinité; analyse; synthèse.

Notions de nomenclature; acides, bases, sels.

II. — Métalloïdes; hydrogène.

Oxygène; combustion; respiration.

Eau.

Chlore; acide chlorhydrique.

Soufre; acides sulfureux et sulfurique.

Hydrogène sulfuré.

Azote; air; acide azotique.

Phosphore.

Carbone; variétés principales; oxyde de carbone et acide carbonique.

COURS DE CHIMIE

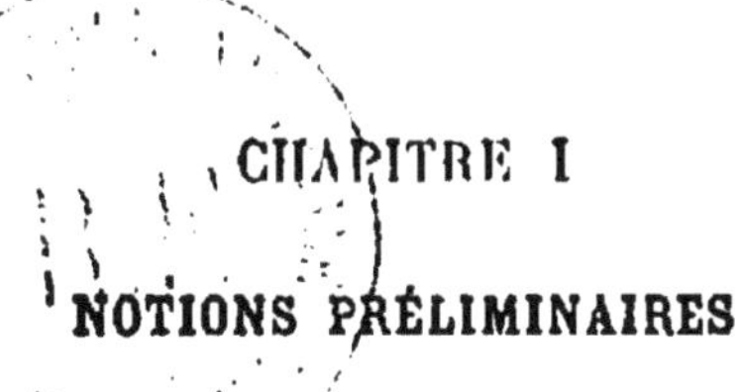

CHAPITRE I

NOTIONS PRÉLIMINAIRES

1. Combinaisons et décompositions. — Prenons du soufre, ce solide jaune, sans odeur, dont on enduit l'extrémité des allumettes, et mettons-y le feu : il brûle avec une flamme bleue en répandant une odeur suffocante et semble disparaître peu à peu. En réalité, le soufre s'est uni, s'est *combiné* à un gaz contenu dans l'air et appelé oxygène ; l'odeur suffocante appartient au produit de la combinaison de ces deux corps, et ce produit, appelé *gaz sulfureux*, est un corps nouveau, dans lequel on ne retrouve ni les propriétés du soufre, ni les propriétés du gaz oxygène.

Fig. 1. — Décomposition de la craie par un acide.

Cette expérience montre que, dans une *combinaison*, les corps, en s'unissant entre eux, produisent un corps de nature différente et doué de propriétés nouvelles.

Inversement, jetons un morceau de craie dans un vase contenant de l'eau où l'on a mis quelques gouttes de vitriol (acide sulfurique); nous verrons s'en échapper de nombreuses bulles de gaz qui montent à la surface (*fig.* 1). Ce gaz, que l'on nomme du *gaz carbonique,* existait dans le morceau de craie; il y était combiné avec un autre corps, la *chaux.* La craie a été *décomposée* sous l'action de l'acide.

On voit par cet exemple que, dans une *décomposition,* le corps qui se décompose est ramené à des produits plus simples.

2. Différences entre un mélange et une combinaison. — Mélangeons de la limaille de fer et de la fleur de soufre dans des proportions quelconques: nous obtiendrons une poudre grise, en apparence homogène. Ces deux corps ont cependant conservé leur nature et peuvent être séparés l'un de l'autre très facilement : un aimant promené à la surface du mélange (*fig.* 2) enlèvera tout le fer et laissera le soufre; le même mélange jeté dans du sulfure de carbone, liquide qui a la propriété de dissoudre le soufre, sera réduit à la limaille de fer. Il y a donc eu là un simple *mélange,* c'est-à-dire un phénomène purement physique.

FIG. 2. — Séparation du soufre et du fer mélangés.

Au contraire, projetons ce mélange dans une cuiller en fer préalablement rougie au feu (*fig.* 3) : il devient incandescent. Après refroidissement, nous obtenons une sorte de pierre d'un noir brillant, cassante, sur laquelle le sulfure de carbone et l'aimant n'exercent plus aucune action. C'est un corps nouveau, appelé *sulfure de fer,* et il y a eu *combinaison,* et non plus mélange.

Il y a une autre différence importante entre un mélange et une combinaison. Le mélange de soufre et de fer peut être fait dans des proportions quelconques, mais il n'en est pas de même pour la combinaison. Si l'on veut préparer du sulfure de fer, il faut prendre, pour 4g de fleur de soufre, 7g de limaille de fer, et l'on obtient, bien entendu, 11g de sulfure de fer. Si l'on emploie une quantité de soufre supérieure à 4g pour la même quantité de fer, l'excédent brûle en donnant du gaz sulfureux ; si, au contraire, le fer est en excès, cet excès reste inaltéré. Donc le soufre et le fer, pour former ce sulfure de fer, s'unissent suivant une proportion déterminée et invariable.

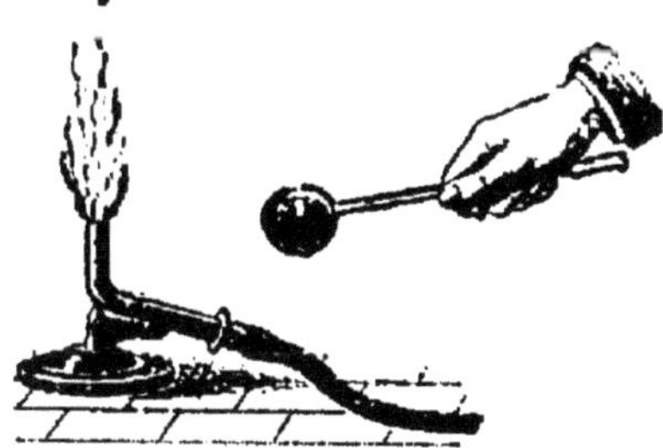

Fig. 3. — Combinaison du soufre et du fer.

Remarque. — Presque toutes les combinaisons sont accompagnées d'un dégagement de chaleur plus ou moins grand ; l'incandescence produite dans la formation du sulfure de fer vient de nous en donner un exemple. Il y a cependant des combinaisons qui s'effectuent en absorbant de la chaleur ; on leur donne le nom de combinaisons *endothermiques,* par opposition aux premières, appelées combinaisons *exothermiques.* Ce dégagement ou cette absorption de chaleur, qui accompagnent toujours une combinaison, ne se produisent jamais avec un mélange.

3. Corps simples. — Parmi tous les corps connus actuellement, il en est que l'on ne peut décomposer, c'est-à-dire ramener à des produits plus ou moins simples, de quelque manière qu'on les traite ; tels sont l'oxygène, le mercure, le soufre, le fer. On les appelle *corps simples* ou *éléments*.

On connait environ 70 corps simples, que l'on divise en deux groupes : les métalloïdes et les métaux.

Les *métaux* sont doués d'un éclat particulier appelé éclat métallique. Ils sont opaques, conduisent bien la chaleur et l'électricité et se laissent pour la plupart étirer en fils ou réduire en lames. On peut citer comme exemples le fer, l'argent, le cuivre.

Les *métalloïdes* ne possèdent généralement pas l'éclat métallique, ils conduisent mal la chaleur et l'électricité et sont relativement légers par rapport aux métaux. Le soufre, l'hydrogène, l'oxygène sont des métalloïdes.

Pour simplifier le langage et les écritures chimiques, on représente les corps simples par une abréviation ou *symbole*. Le symbole est formé, soit par la première lettre du nom du corps, soit par deux lettres s'il peut y avoir confusion entre plusieurs corps simples dont les noms commencent par la même lettre. Ainsi le symbole de l'oxygène est O, celui du soufre S, celui du fer Fe.

Par convention, le symbole de chaque corps simple représente en même temps une quantité déterminée du corps qu'on appelle sa *masse atomique* (12).

4. Corps composés. — Les *corps composés*, que l'on appelle plus simplement les *composés*, sont ceux dans la constitution desquels entrent plusieurs corps simples : la craie, le sulfure de fer sont des corps composés.

5. Analyse. — Pour trouver la constitution d'un composé, on le décompose en ses éléments ; c'est ce qu'on appelle *analyser* le composé. Si l'on ne recherche que la nature de ces éléments, on fait une analyse *qualitative* ; si l'on veut connaître leur proportion relative dans le composé, l'analyse est *quantitative*. Soit, par exemple, à analyser de l'*oxyde de mercure*, cette poussière rouge qui se forme à la surface du mercure quand on le chauffe pendant quelque temps à l'air. On chauffe cet oxyde dans un tube en verre communiquant par un tube recourbé avec une petite éprouvette pleine d'eau (*fig.* 4). Il se décompose en oxygène et mercure : celui-ci forme sur les parois du tube un anneau brillant ; l'oxygène se dégage par le tube recourbé et se rassemble à la partie supérieure de l'éprouvette.

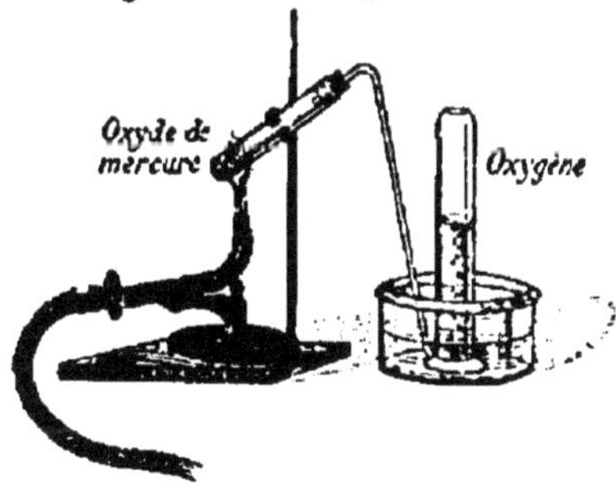

Fig. 4. — Décomposition de l'oxyde de mercure par la chaleur.

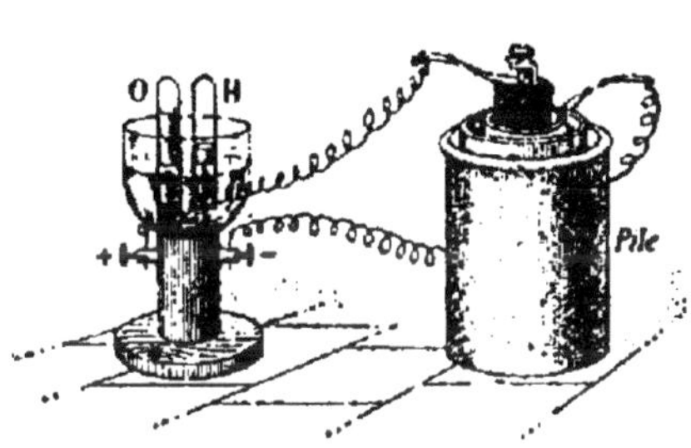

Fig. 5. — Analyse de l'eau par la pile.

Cette analyse est qualitative. La décomposition de l'eau par un courant est un exemple d'analyse à la fois qualitative et quantitative. Pour la réaliser on se sert d'un appareil appelé *voltamètre* : c'est un vase en verre (*fig.* 5), dont le fond est traversé par deux fils métalliques pouvant être reliés respectivement aux deux pôles d'une source électrique. Le vase étant rempli d'eau légèrement additionnée de soude caustique pour la rendre conductrice, on recouvre les fils métalliques de deux petites éprouvettes également pleines d'eau additionnée de soude.

Dès que l'on fait passer le courant, de nombreuses petites bulles gazeuses se forment autour des fils métalliques et viennent se rassembler à la partie supérieure des éprouvettes. Le gaz qui se dégage au *pôle positif* rallume une allumette présentant encore un point rouge : c'est l'*oxygène*, dont nous avons déjà parlé. Le gaz qui se dégage au *pôle négatif* est combustible et brûle avec une flamme pâle: c'est, comme l'oxygène, un corps simple ; on l'appelle *hydrogène*. Le volume occupé par ce dernier gaz est, pendant toute la décomposition, exactement le double de celui qu'occupe au même instant l'oxygène.

6. Synthèse. — La synthèse est l'inverse de l'analyse : elle consiste à reconstituer un composé à l'aide de ses éléments. La synthèse de l'eau va nous prouver qu'elle est composée uniquement d'oxygène et d'hydrogène.

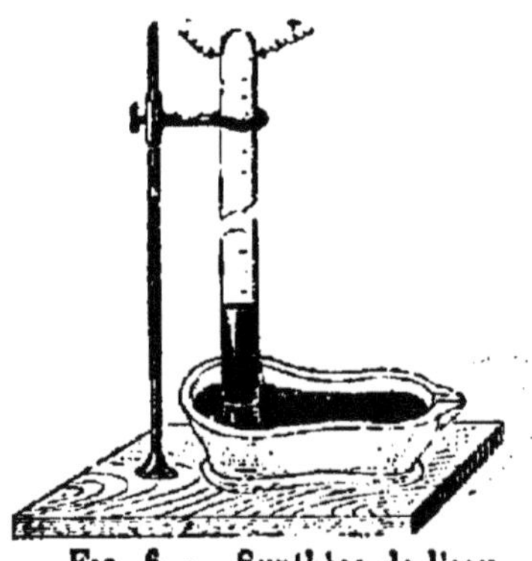

Fig. 6. — Synthèse de l'eau.

On se sert, pour la réaliser, d'un tube de verre résistant, gradué et traversé à sa partie supérieure par deux fils de platine dont les extrémités sont très rapprochées l'une de l'autre ; on le renverse sur une cuve à mercure après l'avoir rempli de mercure, puis on introduit successivement dans ce tube un volume quelconque d'oxygène et un volume exactement double d'hydrogène, et on fait jaillir une étincelle électrique entre les deux fils de platine. Il se produit une détonation; le mercure monte jusqu'au sommet et sa surface se recouvre de quelques gouttelettes d'eau.

Si, par une disposition spéciale, le tube était maintenu à une température supérieure à 100° pendant l'expérience, la vapeur d'eau formée par la combinaison de l'oxygène et de l'hydrogène ne se condenserait pas. On pourrait alors constater que son volume est rigoureusement égal à celui de l'hydrogène seul, ce qui permet de conclure que 2 *vol. d'hydrogène, en se combinant à 1 vol. d'oxygène, forment* 2 *vol. de vapeur d'eau.*

L'analyse et la synthèse que nous venons d'exposer établissent la composition de l'eau en *volume.* Connaissant cette composition, on en déduit par le calcul le rapport des masses d'hydrogène et d'oxygène qui entrent dans une quantité d'eau déterminée. En effet, l'hydrogène, à volume égal, pesant 16 fois moins que l'oxygène, 2 volumes d'hydrogène pèsent 8 fois moins qu'un volume d'oxygène. On en déduit que la proportion cherchée est $\frac{1}{8}$. Par exemple, pour 2 grammes d'hydrogène, 16 grammes d'oxygène entrent en combinaison et il en résulte la formation de 18 grammes d'eau.

RÉSUMÉ DU CHAPITRE I

On dit que deux corps se combinent quand ils s'unissent en produisant un corps de nature différente et doué de propriétés nouvelles (combinaison du soufre et de l'oxygène). La *décomposition* consiste à ramener un corps à des produits plus simples (décomposition de la craie par un acide).

La combinaison se distingue du mélange en ce que, dans celui-ci, les corps gardent chacun leurs propriétés, peuvent être facilement séparés l'un de l'autre et s'unissent dans des proportions quelconques.

On appelle *corps simples* ou éléments les corps que l'on n'a pu jusqu'ici décomposer. On les divise en métaux (éclat métallique, bons conducteurs de la chaleur et de l'électricité) et métalloïdes (dépourvus d'éclat métallique, mauvais conducteurs). Les corps simples se notent par un symbole, qui représente en même temps une quantité déterminée du corps (masse atomique) ; les corps composés sont formés de plusieurs corps simples.

On appelle *analyse* la décomposition d'un corps en ses éléments. Elle peut être qualitative ou quantitative. Dans l'analyse de l'eau par la pile, on obtient deux gaz : l'oxygène au pôle positif, l'hydrogène au pôle négatif. Ce dernier a un volume double de celui de l'oxygène.

La *synthèse* consiste à reconstituer un composé en partant de ses éléments. Si l'on fait passer une étincelle électrique dans un mélange de 2 vol. d'hydrogène et de 1 vol. d'oxygène, les deux gaz se combinent complètement, et l'on obtient 2 vol. de vapeur d'eau si l'expérience est faite au-dessus de 100°, quelques gouttelettes d'eau si l'expérience est faite à la température ordinaire.

CHAPITRE II

NOTIONS ÉLÉMENTAIRES DE CHIMIE GÉNÉRALE

7. Cristallisation. — La plupart des corps, en passant lentement de l'état liquide à l'état solide, prennent des formes géométriques régulières appelées formes cristallines : on dit que ces corps cristallisent, et on les appelle alors des *cristaux*. Les corps dits *amorphes* sont ceux qui ne peuvent dans aucun cas prendre de forme cristalline, comme les résines, l'albumine, etc.

On provoque la cristallisation des corps, soit en les soumettant par la chaleur à un changement d'état (*cristallisation par voie sèche*), soit en les dissolvant dans un liquide que l'on fait ensuite évaporer (*cristallisation par voie humide*).

Cristallisation par voie sèche. — Si l'on veut faire cristalliser du soufre, par exemple, on le fait fondre dans un creuset en terre, puis on le laisse refroidir lentement. Dès qu'une croûte d'épaisseur convenable s'est formée à la surface, on la perce en deux endroits avec une tige de fer chaude, et l'on décante pour faire écouler le soufre resté liquide. En enlevant alors complètement la croûte superficielle, on voit l'intérieur du creuset tapissé de longues aiguilles transparentes et flexibles (*fig.* 7), d'un jaune brunâtre.

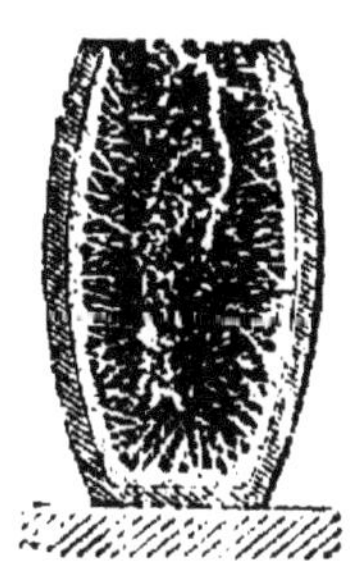

Fig. 7. — Cristallisation du soufre par fusion.

Ce mode de cristallisation, appelé cristallisation par *fusion*, peut être employé pour la plupart des métaux.

On fait cristalliser au contraire par *sublimation*, c'est-à-dire par volatilisation, les corps qui émettent des vapeurs à une température peu élevée, comme l'iode, la

Fig. 8. — Sublimation de la naphtaline.

naphtaline (*fig.* 8). Au contact des parties froides de l'appareil employé, les vapeurs cristallisent sans transition liquide.

Cristallisation par voie humide. — Ce procédé s'applique facilement aux corps qui, comme les aluns, l'azotate de potassium, sont beaucoup plus solubles à chaud qu'à froid.

Fig. 9. — Groupe de cristaux d'alun.

On disssout dans l'eau chaude une quantité du corps supérieure à celle que l'on peut dissoudre à la température ordinaire, puis on laisse refroidir lentement. Une partie du corps cristallise et ces cristaux se déposent souvent en groupes (*fig.* 9).

8. **Formes cristallines.** — Un cristal est formé de plans ou *faces* qui le limitent, d'*arêtes* provenant de l'intersection de ces faces deux à deux et d'*angles solides,* constitués par la réunion des faces (*fig.* 10).

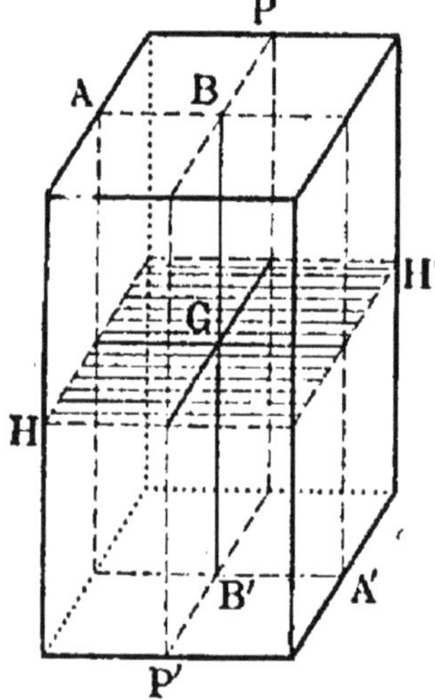

Fig. 10. — Prisme à base carrée.

Le centre C du cristal est un point tel que toute droite qui y passe et se termine sur les faces du cristal est divisée en deux parties égales par ce centre. Enfin les *axes* sont des droites passant par le centre et autour desquelles les faces sont disposées symétriquement.

Les formes cristallines connues sont très nombreuses ; on les range en six groupes appelés *systèmes cristallins,* présentant chacun une forme type à laquelle on peut rattacher toutes les autres formes du même système. Les formes types sont (*fig.* 11):

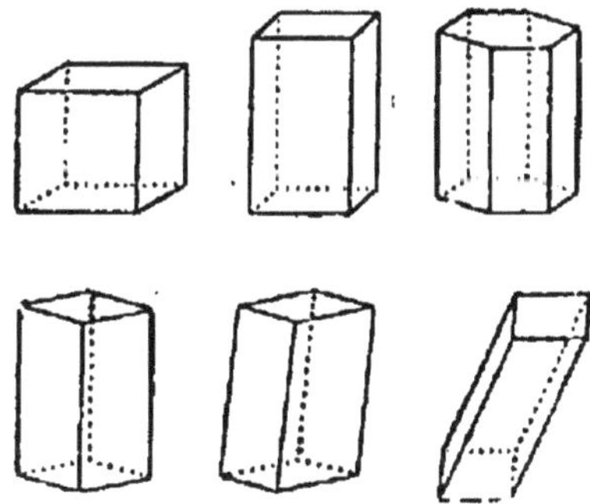

Fig. 11. — Formes types des systèmes cristallins.

1° Le *cube* (système cubique), caractérisé par trois axes rectangulaires, identiques et aboutissant chacun au milieu de faces opposées.

Exemples de corps cristallisant dans le système cubique : chlorure de sodium, aluns, pyrites de fer.

2° Le *prisme à base carrée* (système quadratique), dont les quatre faces verticales sont des rectangles égaux (*fig.* 10); les trois axes sont encore rectangulaires, mais deux seulement sont identiques, l'autre est différent.

Ex.: ferrocyanure de potassium.

3° Le *prisme droit à base hexagonale* (système hexagonal), avec quatre axes, dont trois sont identiques et font entre eux des angles de 60°, tandis que le quatrième est perpendiculaire au plan des trois autres.

Ex.: quartz, azotate de sodium.

4° Le *prisme droit à base de losange,* ou, comme on dit, à *base rhombe* (système orthorhombique), qui a trois axes rectangulaires, mais inégaux.

Ex.: soufre natif, aragonite (carbonate de calcium).

5° Le *prisme rhomboïdal oblique* (système clinorhombique), caractérisé par trois axes inégaux; deux sont obliques entre eux, et le troisième est perpendiculaire au plan des deux autres.

Ex.: soufre cristallisé par fusion, gypse.

6° Le *prisme doublement oblique,* à base de parallélogramme (système triclinique), n'a pour tout élément de symétrie qu'un centre.

Ex.: sulfate de cuivre

Dimorphisme. Isomorphisme. — En général, un même corps, en cristallisant, prend toujours la même forme cristalline, ou une forme qui dérive de celle-ci par des modifications régulières. Cependant, il est des corps qui possèdent deux formes cristallines entièrement différentes, n'appartenant pas par conséquent au même système cristallin ; on les appelle corps *dimorphes* : le soufre en fournit un exemple (63). Enfin on dit que deux corps sont *isomorphes* quand ils peuvent prendre la même forme cristalline et exister ensemble dans un même cristal sans en altérer la forme. Les corps isomorphes sont constitués semblablement au point de vue chimique.

Les aluns peuvent être cités comme exemple de composés isomorphes. Si l'on porte un octaèdre d'alun ordinaire dans une dissolution d'alun de chrome, par exemple, le cristal incolore se recouvre d'une couche violette d'alun de chrome ; reporté dans une solution d'alun ordinaire, il s'accroît d'une nouvelle couche incolore, et ainsi de suite.

9. Loi de la conservation de la matière. — Les corps, en se combinant ou en se décomposant, ne font que se transformer en d'autres corps, sans qu'il y ait jamais ni création, ni destruction de matière. Ainsi 4 grammes de soufre et 7 grammes de fer forment 11 grammes de sulfure de fer ; 2 grammes d'hydrogène et 16 grammes d'oxygène forment 18 grammes de vapeur d'eau. On en déduit la loi suivante, dite *loi des masses* : ***La masse d'un composé est égale à la somme des masses des corps qui le constituent.*** Cette loi, énoncée par Lavoisier en 1789, peut être considérée comme ayant été le point de départ de la chimie moderne.

10. Loi des proportions définies. — L'oxygène et l'hydrogène, pour former de l'eau, se combinent toujours dans la proportion $\frac{1}{8}$; de même le soufre et le fer, pour former le sulfure de fer dont nous avons parlé (2), se combinent dans la proportion $\frac{4}{7}$; de là *la loi des proportions définies :* ***Pour former un composé déterminé, deux corps s'unissent toujours dans les mêmes proportions.***

Il résulte de cette loi que si l'on fait l'analyse d'un composé déterminé et défini, on trouvera toujours les mêmes constituants unis dans les mêmes proportions.

11. Molécules et masses moléculaires. — On admet aujourd'hui que la matière qui forme les corps n'est pas continue, mais que ceux-ci sont constitués par la réunion d'une très grande quantité de parties excessivement petites, ou *molécules,* séparées par des intervalles pouvant augmenter ou diminuer sous l'influence de causes extérieures.

Une molécule est donc la plus petite partie d'un corps qui puisse exister à l'état libre.

Des considérations physiques ont fait admettre qu'à une même température et sous la même pression *des volumes égaux de gaz ou de vapeurs renferment le même nombre de molécules.* Ainsi, un litre d'hydrogène renferme autant de molécules qu'un litre d'oxygène, qu'un litre de vapeur d'eau, etc. Comme on ne connait pas ce nombre de molécules, on ignore ce que pèse une molécule d'hydrogène, une molécule d'oxygène, etc.; mais ce qu'il importe seulement de savoir et ce qui est aisé à calculer, ce sont les masses moléculaires *relatives,* c'est-à-dire comparées à la masse conventionnelle d'une molécule d'un gaz choisi comme type. Comme l'hydrogène est le gaz qui a la plus faible densité, c'est lui que l'on choisit, et l'on convient de représenter par 2 la masse d'une molécule d'hydrogène. On appelle alors masse moléculaire d'un gaz ou d'une vapeur, *la masse d'une molécule de ce gaz ou de cette vapeur par rapport à la masse* 2 *d'une molécule d'hydrogène.*

Cherchons par exemple la masse moléculaire de l'oxygène et celle de la vapeur d'eau. Nous savons que l'oxygène, à volume égal, pèse 16 fois plus que l'hydrogène ; c'est donc qu'une molécule d'oxygène pèse 16 fois plus qu'une molécule d'hydrogène, et comme celle-ci a une masse représentée par 2, la masse moléculaire de l'oxygène sera 16×2 ou 32. De même un litre de vapeur d'eau pesant 9 fois plus qu'un litre d'hydrogène, la masse moléculaire de la vapeur d'eau sera 18.

12. Atomes et masses atomiques. — Considérons une molécule de vapeur d'eau : elle est formée d'oxygène et d'hydrogène et renferme par conséquent des parties plus petites qu'elle-même de chacun de ces deux gaz. On donne à ces parties le nom d'*atomes*. Toute molécule de corps composé est constituée par une réunion d'atomes de chacun des corps simples qui entrent dans le composé. Une molécule d'un corps simple est également formée d'atomes, mais ces atomes sont tous de même espèce : une molécule d'hydrogène ne renferme que des atomes d'hydrogène.

On définit l'*atome* d'un corps simple ***la plus petite quantité de ce corps pouvant entrer en combinaison.***

En se basant sur la connaissance des masses moléculaires, on établit facilement :

1° Combien une molécule d'un corps simple renferme d'atomes de ce corps simple (on trouve, par exemple, qu'une molécule d'hydrogène est la réunion de 2 atomes et que, par conséquent, la masse d'un atome d'hydrogène doit être représentée par 1);

2° La masse atomique de chaque corps simple, c'est-à-dire a masse d'un atome de ce corps, comparée à la masse 1 d'un atome d'hydrogène ;

3° Le nombre d'atomes qu'il y a dans chaque molécule des corps composés : une molécule d'eau, par exemple, est formée par la combinaison de 1 atome d'oxygène et de 2 atomes d'hydrogène.

Nous avons dit que, par convention, *le symbole de chaque corps simple représente en même temps sa masse atomique* (3).

13. Volumes moléculaires. — Cherchons le volume occupé par 1g d'hydrogène à 0° et sous la pression de 76cm. Un litre de ce gaz pesant $1,293 \times 0,0695$ ou 0g,09, 1g d'hydrogène correspond à $\frac{1}{0,09} = 11^l,11$. Ce volume est l'*unité de volume* adoptée dans le système des masses atomiques.

Si l'on détermine les volumes occupés par les masses moléculaires (évaluées en grammes) de chaque corps simple ou composé, gazeux ou volatil, on trouvera toujours un volume égal à $22^l,22$, c'est-à-dire un volume égal à celui qu'occuperaient 2g d'hydrogène. On peut donc encore définir la masse moléculaire d'un corps gazeux ou capable d'émettre des vapeurs *la masse de ce corps qui occupe à l'état de gaz ou de vapeur un volume égal à celui qui correspond à la masse 2 d'hydrogène.*

NOMENCLATURE ET NOTATION CHIMIQUES

14. Notation des corps composés. — De même que chaque corps simple se note par un symbole représentant sa masse atomique, chaque composé se note par une *formule,* constituée par les symboles des corps simples composant et représentant en même temps sa masse moléculaire.

Pour établir la formule d'un composé, on écrira donc les uns à la suite des autres les symboles des composants ; de plus, chaque symbole sera affecté d'un exposant indiquant le nombre d'atomes du corps simple correspondant qui entrent dans la molécule du composé. Ainsi une molécule d'oxyde rouge de mercure, contenant 1 atome de mercure et 1 atome d'oxygène, sera représentée par la formule HgO; une molécule d'eau, qui renferme 2 atomes d'hydrogène et 1 atome d'oxygène, par la formule H^2O.

Il faut remarquer que la formule d'un composé indique *son volume à l'état gazeux,* si le corps est gazeux ou capable de se réduire en vapeur : ce volume est toujours égal, comme nous l'avons vu, au volume occupé par une masse 2 d'hydrogène. Elle indique aussi *le rapport des volumes des compo-*

sants quand ceux-ci sont gazeux : la formule H^2O apprend de suite que, pour former l'eau, 2 volumes d'hydrogène s'unissent à . volume d'oxygène.

15. Équations chimiques. — Pour se rendre compte rapidement des réactions chimiques, on représente celles-ci par des équations. Le premier membre d'une équation renferme les symboles et formules des corps qui réagissent l'un sur l'autre ; le second, les symboles et formules des corps résultant de la réaction.

Prenons pour exemples la décomposition de l'oxyde de mercure par la chaleur et la combustion du soufre à l'air ; elles sont exprimées par les équations très simples

$$HgO = Hg + O,$$
$$S + 2O = SO^2.$$

Ces équations indiquent que 216^g d'oxyde de mercure donnent par leur décomposition 200^g de mercure (200 étant la masse atomique du mercure) et 16^g d'oxygène ; que 32^g de soufre en se combinant à $16 \times 2 = 32^g$ d'oxygène donnent 64^g de gaz sulfureux.

16. Fonctions chimiques. — Les corps composés peuvent être partagés en un certain nombre de groupes, caractérisés chacun par un ensemble de propriétés communes constituant ce que l'on appelle la *fonction chimique* du groupe.

Les trois groupes les plus importants sont les acides, les bases et les sels.

Acides. — ***Les acides sont des composés qui renferment de l'hydrogène pouvant être remplacé en tout ou en partie par un métal.*** Ces composés rougissent une matière colorante bleue connue sous le nom de *teinture de tournesol* ; étendus d'eau, ils ont une saveur aigre, analogue à celle du vinaigre. Les acides les plus usuels sont l'acide sulfurique SO^4H^2, l'acide chlorhydrique HCl et l'acide azotique AzO^3H.

Bases. — *Les bases sont des composés renfermant un métal pouvant se substituer à l'hydrogène d'un acide.* Leurs dissolutions ramènent au bleu la teinture de tournesol rougie par un acide, rougissent la phtaléine, brunissent la teinture de curcuma et verdissent le sirop de violettes. Elles ont une saveur âcre ou caustique. La chaux éteinte CaO^2H^2, la soude NaOH, la potasse KOH, sont des bases importantes.

Sels. — *Les sels dérivent des acides dont l'hydrogène a été remplacé en tout ou en partie par un métal.* Ce remplacement se produit principalement soit quand on fait agir un acide sur un métal, comme dans la préparation de l'hydrogène, soit quand on fait agir un acide sur une base. Dans ce dernier cas, la formation du sel est accompagnée d'une élimination d'eau. Ex.: versons de l'acide chlorhydrique dans une dissolution de potasse ; du chlorure de potassium KCl prendra naissance et de l'eau sera mise en liberté :

$$HCl + KOH = KCl + H^2O.$$

17. Nomenclature des composés. — Anciennement, les composés connus portaient des noms arbitraires, latins pour la plupart, et ne rappelant en rien leur origine. En 1787, Guyton de Morveau publia une nomenclature scientifique, dont les règles sont encore en grande partie adoptées aujourd'hui.

Les règles de nomenclature les plus simples se rapportent aux acides et aux sels.

Nomenclature des acides. — Les acides peuvent être divisés en deux groupes : les hydracides et les oxacides.

Les *hydracides* ne sont formés que de deux corps simples dont l'un est nécessairement de l'hydrogène. Pour les nommer, on ajoute au mot *acide* le nom du corps combiné à l'hydrogène avec la terminaison *hydrique:* acide chlorhydrique HCl, acide sulfhydrique H^2S.

Les *oxacides* sont des composés ternaires oxygénés renfermant de l'hydrogène comme tous les acides. On les nomme en ajoutant au nom du corps uni à l'oxygène et à l'hydrogène la terminaison *ique*: acide carbonique CO^3H^2. Si ce même corps forme deux acides différents, on laisse la terminaison *ique* à celui qui contient le plus d'oxygène et on donne la terminaison *eux* à celui qui en contient le moins: acide azoteux AzO^2H, acide azotique AzO^3H. Enfin, si le nombre des acides est supérieur à deux, on les distingue par les préfixes *per* (qui signifiera plus oxygéné relativement), *hypo* (qui signifie moins oxygéné): acide hyposulfureux $S^2O^3H^2$, acide sulfureux SO^3H^2, acide sulfurique SO^4H^2, acide persulfurique SO^4H.

Nomenclature des sels. — Les sels correspondant aux hydracides se nomment en donnant la terminaison *ure* au corps qui est uni au métal: chlorure de sodium $NaCl$, iodure de potassium KI, sulfure de zinc ZnS.

Pour nommer un sel correspondant à un oxacide, on écrit d'abord le nom de l'oxacide dont il dérive, en changeant la terminaison *ique* en *ate* et la terminaison *eux* en *ite*; puis on fait suivre le nom ainsi formé de celui du métal substitué à l'hydrogène de l'acide: sulfate de sodium (SO^4Na^2), sulfite de zinc (SO^3Zn).

Nomenclature des anhydrides. — Les anhydrides sont des composés qui, en se combinant à l'eau, donnent naissance à des acides. On les nomme en ajoutant au nom du corps qui s'unit à l'oxygène la terminaison *ique:* anhydride carbonique

CO^2. Si le même corps forme avec l'oxygène deux anhydrides différents, on laisse la terminaison *ique* à celui qui contient le plus d'oxygène et on donne la terminaison *eux* à celui qui en contient le moins : anhydride arsénieux As^2O^3, anhydride arsénique As^2O^5. Enfin si le nombre des anhydrides est supérieur à deux, on les distingue par les préfixes *per* (qui signifiera plus oxygéné), *hypo* (qui signifiera moins oxygéné) : anhydride sulfureux SO^2, anhydride sulfurique SO^3, anhydride persulfurique S^2O^7.

Nomenclature des oxydes. — Les oxydes sont les composés binaires oxygénés qui ne donnent pas d'acides en réagissant sur l'eau. Pour les nommer, on fait suivre le mot *oxyde* du nom de l'élément combiné à l'oxygène : oxyde de zinc ZnO. Si le même élément forme plusieurs oxydes, on les distingue, soit par des terminaisons *eux* ou *ique* : oxyde cuivreux Cu^2O, oxyde cuivrique CuO ; soit par des préfixes : *proto, sesqui, bi*, etc., qui signifient 1, 1 1/2, 2,... atomes d'oxygène : protoxyde de manganèse MnO, sesquioxyde de manganèse Mn^2O^3, bioxyde de manganèse MnO^2, etc.

Par exception, certains oxydes ont conservé les noms qu'ils possédaient avant l'établissement de la nomenclature ; ainsi on dit couramment *chaux* pour oxyde de calcium CaO, *baryte* pour oxyde de baryum BaO, *magnésie* pour oxyde de magnésium MgO, *alumine* pour oxyde d'aluminium Al^2O^3.

Nomenclature des composés binaires ne renfermant ni oxygène ni hydrogène. — Leur nomenclature est soumise à la règle suivante : on donne la terminaison *ure* à l'élément qui, dans la décomposition du composé par la pile, se porterait au pôle positif, et on le fait suivre du nom du second élément. On emploie les terminaisons *eux* et *ique* pour ce dernier, et les préfixes *proto, sesqui, bi*,... pour l'élément terminé en *ure* : chlorure de potassium KCl ; sulfure de carbone CS^2 ; chlorure ferreux $FeCl^2$, chlorure ferrique Fe^2Cl^6 ; protosulfure de fer FeS, sesquisulfure de fer Fe^2S^3, bisulfure de fer FeS^2 ; etc.

Les combinaisons résultant de l'union de deux métaux se nomment *alliages* : alliage de cuivre et de zinc (laiton). Si l'un des métaux est le mercure, la combinaison porte le nom d'*amalgame* : amalgame d'or, amalgame d'étain.

Nomenclature des bases oxygénées. — Elles prennent naissance dans l'union d'un oxyde métallique avec l'eau. On les appelle *hydrates* et l'on ajoute à ce nom celui du métal ; hydrate de potassium KOH, hydrate de cuivre CuO^2H^2.

18. Premières notions sur la valence. — Si l'on examine les formules des combinaisons gazeuzes que forme l'hydrogène avec les métalloïdes, on est conduit à diviser ceux-ci en un certain nombre de groupes, tels qu'un atome des métalloïdes d'un même groupe se combine au même nombre d'atomes d'hydrogène.

Le 1er groupe comprend le fluor, le chlore, le brome et l'iode : 1 atome de chacun de ces éléments fixe toujours 1 atome, d'hydrogène pour donner les molécules HF, HCl, HBr, HI. On exprime ce fait en disant que ces quatre métalloïdes sont *monovalents*.

L'oxygène, le soufre, le sélénium et le tellure composent le 2e groupe et sont *divalents* : chaque atome de ces métalloïdes fixe en effet 2 atomes d'hydrogène dans les molécules H^2O, H^2S, H^2Se, H^2Te.

Chaque atome d'azote, de phosphore, d'arsenic et d'antimoine se combine à 3 atomes d'hydrogène ; il en résulte les molécules AzH^3, PH^3, AsH^3, SbH^3. Ces métalloïdes sont donc *trivalents*.

Enfin le carbone et le silicium sont *tétravalents* dans leurs combinaisons hydrogénées CH^4 et SiH^4.

La valence d'un métalloïde est donc définie par le nombre d'atomes d'hydrogène auxquels s'unit un atome de ce métalloïde.

Quant aux métaux, leurs combinaisons avec l'hydrogène sont généralement mal définies ; mais leurs combinaisons avec le chlore étant bien connues, leur valence est déterminée par le nombre d'atomes de chlore que l'atome de métal peut fixer. Ainsi, le potassium, le sodium, l'argent sont *monovalents*, leurs chlorures ayant pour formules KCl, NaCl, AgCl ; de plus, chaque atome de ces métaux ne se substitue jamais qu'à 1 atome d'hydrogène d'un acide : HCl, KCl,... ; AzO^3H, AzO^3K,... ; SO^4H^2, SO^4KH, SO^4K^2,... Le baryum, le calcium, le zinc, etc., sont *divalents* : $BaCl^2$, $CaCl^2$, $ZnCl^2$, etc. ; aussi chaque atome de baryum, etc., ne peut-il se substituer qu'à 2 atomes d'hydrogène dans un acide : H^2Cl^2, $BaCl^2$.... ; $2(AzO^3H)$, $(AzO^3)^2Ba$,... ; SO^4H^2, SO^4Ba... L'or est *trivalent* : $AuCl^3$, l'étain est à la fois *divalent* : $SnCl^2$, et *tétravalent* : $SnCl^4$, etc.

RÉSUMÉ DU CHAPITRE II

La plupart des corps *cristallisent* en passant lentement de l'état liquide à l'état solide. On provoque la cristallisation des corps soit en les soumettant par la chaleur à un changement d'état (cristallisation du soufre), soit en les dissolvant dans un liquide que l'on fait ensuite évaporer (cristallisation de l'alun).

La masse d'un composé est égale à la somme des masses des corps qui le constituent *(loi des masses)*. Pour former un composé déterminé, deux corps s'unissent toujours dans les mêmes proportions *(loi des proportions définies)*.

On admet que les corps résultent de l'agglomération de particules très petites appelées *molécules*, toutes semblables entre elles. Des volumes égaux de gaz ou de vapeurs (à la même température et sous la même pression) contiennent le même nombre de molécules. La *masse moléculaire* d'un corps est la masse d'une molécule de ce corps rapportée à la masse conventionnelle 2 de la molécule d'hydrogène.

On appelle *atome* la plus petite quantité d'un corps simple pouvant entrer en combinaison. Les atomes, par leur réunion, forment les molécules. Le symbole de chaque corps simple représente en même temps sa *masse atomique*.

Tout composé est symbolisé par une *formule* qui représente sa molécule. Cette formule est la réunion des symboles des corps simples composants, chaque symbole ayant un exposant égal au nombre d'atomes du corps simple correspondant qui entrent dans la molécule du composé.

Les réactions chimiques s'expriment par des *équations*, dont le premier membre renferme les symboles et formules des corps réagissants, le second les symboles et formules des produits obtenus. Ces deux membres sont nécessairement égaux.

Les *acides* renferment de l'hydrogène remplaçable par un métal ; ils rougissent la teinture de tournesol. Les *bases* renferment un métal ; elles ramènent au bleu le tournesol rougi par un acide. Les *sels* résultent du remplacement de l'hydrogène des acides par des métaux.

Les hydracides prennent la terminaison *hydrique*, les oxacides la terminaison *ique*. Si le corps uni à l'oxygène et à l'hydrogène forme deux acides différents, on laisse la terminaison *ique* à celui qui contient le plus d'oxygène, et on donne la terminaison *eux* à celui qui en contient le moins. Les sels correspondant aux hydracides prennent la terminaison *ure* ; ceux qui correspondent aux oxacides les terminaisons *ite* (quand l'acide est terminé en *eux*) ou *ate* (quand l'acide est terminé en *ique*).

CHAPITRE III

EAU

19. Composition de l'eau. — L'eau a été regardée pendant longtemps comme un corps simple ; c'est en réalité une combinaison de deux gaz, l'*oxygène* et l'*hydrogène*.

20. Propriétés physiques. — L'eau se présente à la surface de la terre sous les trois états : solide, liquide et gazeux.

Eau liquide. — L'eau est liquide à la température ordinaire ; pure, elle est transparente, inodore et sans saveur. Elle est incolore sous une faible épaisseur, mais parait bleue ou verdâtre quand on l'observe en grande masse.

La masse d'un centimètre cube d'eau à la température de 4° a été choisie pour unité de masse ; on l'a appelée *gramme-masse*.

Eau solide. — Refroidie suffisamment, l'eau se solidifie ; on dit qu'elle se *congèle*. Cette solidification est accompagnée d'une augmentation de volume, augmentation qui est telle, qu'elle détermine la rupture des vases, même les plus résistants, lorsqu'ils sont pleins d'eau et fermés hermétiquement. L'eau solide ou glace est plus légère que l'eau, sa masse spécifique est $0^{g},92$; elle fond à une température qui a été choisie pour le degré zéro du thermomètre centigrade.

Eau en vapeur. — L'eau émet des vapeurs à toutes les températures ; elle entre en ébullition, sous la pression normale de 76^{cm}, à une température qu'on a adoptée pour le degré 100 du thermomètre centigrade. La vapeur d'eau occupe à 100° un volume environ 1700 fois plus grand que le volume de l'eau liquide qui l'a formée.

21. Propriétés chimiques. — L'eau peut être décomposée par un grand nombre de corps simples.

Fig. 12. — Décomposition de l'eau par le carbone.

Parmi les *métalloïdes* le carbone fixe l'oxygène de l'eau, c'est-à-dire se combine avec lui. Si l'on éteint des charbons rouges sous une cloche remplie d'eau (*fig.* 12), il se rassemble au sommet de la cloche un mélange de trois gaz, l'hydrogène, le gaz carbonique et un autre composé de carbone et d'oxygène appelé oxyde de carbone.

Le chlore, au contraire, sous l'influence de la chaleur ou de la lumière solaire, s'empare de l'hydrogène pour former de l'acide chlorhydrique et met l'oxygène en liberté.

Fig. 13. — Décomposition de l'eau par le potassium.

La plupart des *métaux* décomposent l'eau ; ils s'emparent de son oxygène et mettent l'hydrogène en liberté.

Le potassium, métal mou que l'on conserve dans de l'essence de pétrole, décompose l'eau à la température ordinaire. Jetons un fragment de potassium sur l'eau contenue dans un vase à bords élevés (*fig.* 13). Le métal, plus léger que l'eau, se maintient à sa surface en la décomposant ; il tournoie rapidement, en même temps que l'hydrogène dégagé s'enflamme et brûle avec une flamme violacée. Il se forme un composé, la potasse, qui, à un moment donné, se dissout brusquement dans l'eau en projetant des fragments de tous côtés.

On peut faire la même expérience avec le sodium, mais ce métal dégage moins de chaleur que le potassium en décomposant l'eau et ne s'enflamme pas.

Le fer ne décompose l'eau que s'il est chauffé au rouge. Enfin les métaux précieux comme l'or, l'argent, n'exercent d'action sur l'eau à aucune température.

22. Propriétés dissolvantes de l'eau. — L'eau dissout en quantité plus ou moins grande la plupart des corps solides et gazeux. Il en résulte que l'eau rencontrée à la surface du sol n'est jamais pure : elle tient en dissolution les gaz contenus dans l'air et, en outre, une proportion variable de corps solides empruntés aux terrains avec lesquels elle s'est trouvée en contact.

Gaz dissous dans l'eau. — Les plus importants sont l'oxygène, l'azote qui est mélangé à l'oxygène dans l'air, et le gaz carbonique. Tandis que la proportion en volume des deux premiers gaz est $\frac{1}{5}$ dans l'air, elle est environ $\frac{1}{2}$ dans l'eau, car l'oxygène est plus soluble dans l'eau que l'azote.

Pour extraire les gaz dissous dans l'eau, on remplit complètement de ce liquide un ballon ainsi que son tube à dégagement, et l'on fait aboutir celui-ci à une éprouvette graduée pleine de mercure et reposant sur la cuve à mercure (*fig.* 14). En chauffant l'eau du ballon à l'ébullition, les gaz qui s'y trouvent en dissolution se dégagent et se rassemblent au sommet de l'éprouvette.

Solides dissous dans l'eau. — Lorsqu'on évapore à sec

(c'est-à-dire jusqu'à ce qu'il ne reste plus trace de liquide) de l'eau ordinaire, on obtient toujours un dépôt formé par les solides que cette eau tenait en dissolution ou en suspension. Ce dépôt est constitué principalement par du sel marin (chlorure de sodium), des sels de calcium et des matières organiques.

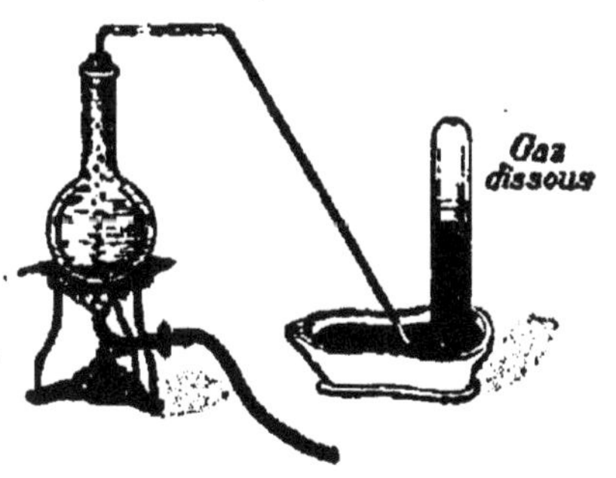

Fig. 14. — Extraction des gaz dissous dans l'eau.

Une eau qui contient du chlorure de sodium donne avec l'azotate d'argent un dépôt ou précipité blanc de chlorure d'argent, soluble dans l'ammoniaque.

Une eau qui contient du sulfate de calcium donne un précipité blanc de sulfate de baryum avec une dissolution d'azotate de baryum.

Enfin, une eau chargée de matières organiques décolore la dissolution rouge de permanganate de potassium.

Distillation de l'eau. — On débarrasse l'eau des matières solides dissoutes en la distillant. L'eau soumise à la dis-

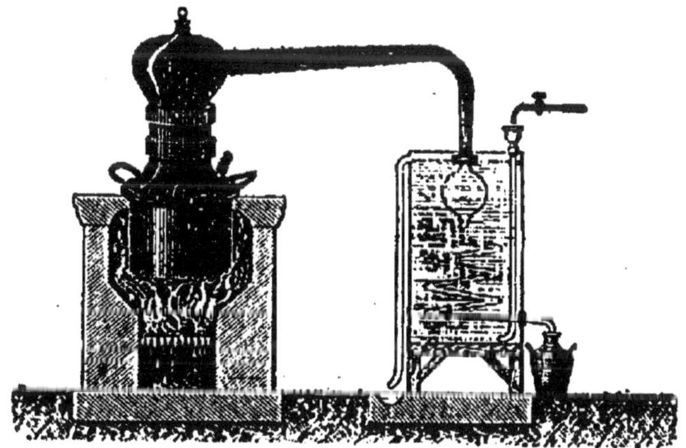
Fig. 15. — Distillation de l'eau.

tillation est chauffée dans un alambic en cuivre (*fig.* 15), communiquant avec un serpentin entouré d'eau froide

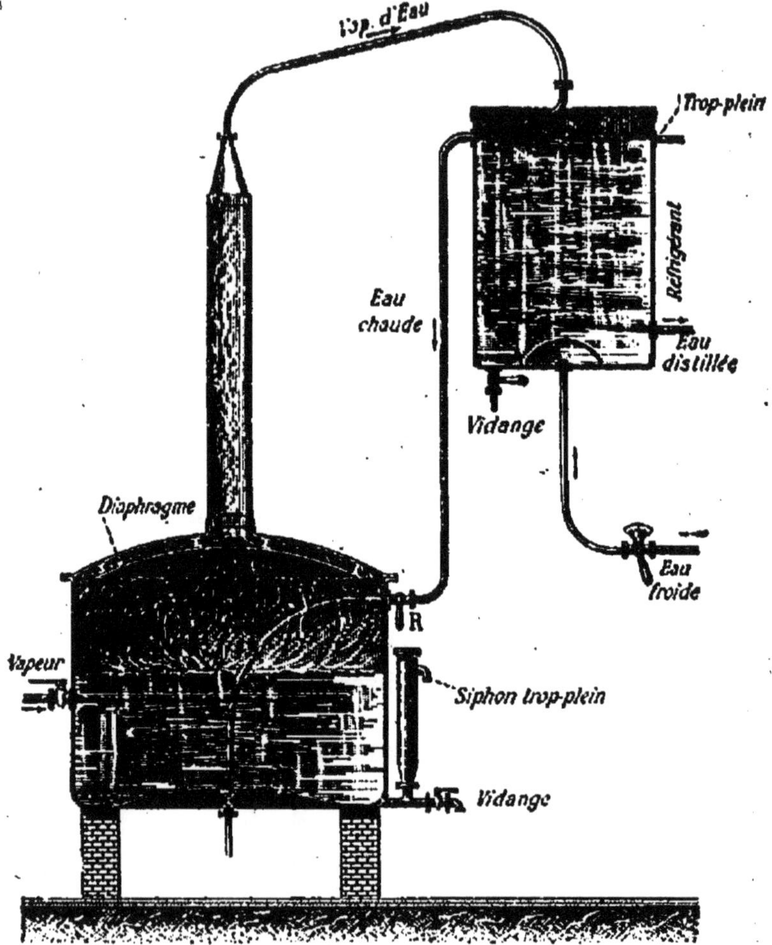

Fig. 16. — Appareil continu pour la distillation de l'eau.

constamment renouvelée. La vapeur d'eau provenant de l'alambic se condense dans ce serpentin et l'eau distillée est recueillie dans un vase extérieur.

Quand on veut préparer de l'eau distillée en quantité assez

grande, on a recours à des appareils continus qui récupèrent en partie la chaleur employée à la vaporisation de l'eau.

La figure 16 représente l'appareil industriel le plus employé. Il comprend une chaudière à grande section chauffée par un serpentin amenant de la vapeur, une haute colonne et un serpentin en étain plongé dans une bâche. L'eau à distiller arrive froide à la partie inférieure de la bâche, s'échauffe par la condensation des vapeurs aqueuses du serpentin et s'en va dans la chaudière en quantité réglée par un robinet R. Le niveau de l'eau dans la chaudière est maintenu sensiblement constant à l'aide d'un siphon trop-plein latéral. A la partie supérieure de la chaudière se trouve une plaque perforée n'ayant pas tout à fait la même section que la chaudière et surmontée d'un diaphragme convexe. Les gouttelettes d'eau entraînées par la vapeur passent difficilement par les ouvertures de la plaque et celles qui passent sont arrêtées par le diaphragme.

Quand l'eau distillée est destinée à l'alimentation, comme c'est le cas à bord des navires, il faut l'aérer par des battages énergiques.

23. Eaux potables. — On appelle eau potable *toute eau qui convient aux usages domestiques et peut servir de boisson.* Pour être potable une eau doit être fraîche, limpide, sans odeur, d'une saveur faible mais agréable ; elle doit renfermer de l'air en dissolution, cuire les légumes en les ramollissant et dissoudre le savon sans former de grumeaux. Il faut enfin qu'elle renferme des substances minérales en dissolution et contienne aussi peu que possible de matières organiques.

L'eau non aérée est d'une digestion difficile, et son usage habituel exerce une fâcheuse influence sur la santé. La présence des substances minérales est très utile au point de vue de l'alimentation : le carbonate de calcium, par exemple, contribue à la nutrition du tissu osseux. La proportion de ces substances ne doit cependant pas dépasser 5 décigrammes par litre. Si cette proportion est dépassée, l'eau est dite *lourde* ou *crue*; elle devient impropre au savonnage et à la cuisson des légumes, principalement si elle contient une certaine quantité de sulfate de calcium (eau *séléniteuse*).

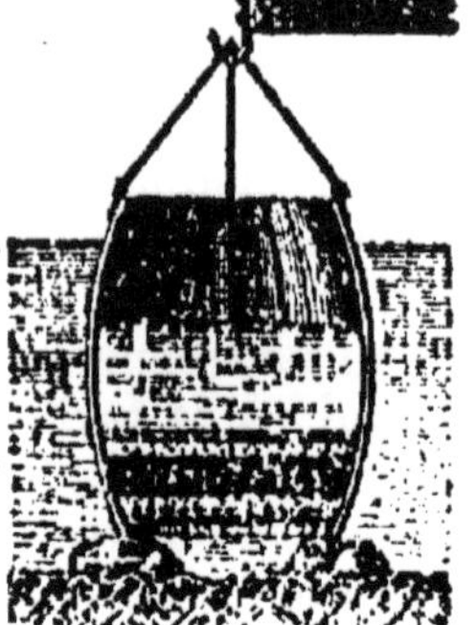

Fig. 17. — Filtration de l'eau à travers le charbon.

Quant aux matières organiques, en se putréfiant, elles communiquent à l'eau une odeur désagréable et favorisent le développement de germes organisés qui sont souvent l'origine de maladies épidémiques. Ces matières s'accumulent principalement dans les eaux stagnantes (eaux de mares, d'étangs).

On purifie les eaux non potables par ébullition ou par filtration. Une *ébullition* prolongée pendant vingt minutes détruit les germes organisés que l'eau peut contenir, mais chasse en même temps les gaz dissous; aussi doit on agiter l'eau ensuite quelque temps à l'air afin de la rendre digestible. La *filtration* s'opère de plusieurs manières. Tantôt on fait traverser à l'eau une couche de charbon de bois comprise entre deux couches de sable (*fig.* 17) : l'eau est ainsi clarifiée, en même temps que le charbon lui a enlevé toute odeur désagréable. Tantôt encore, on filtre l'eau

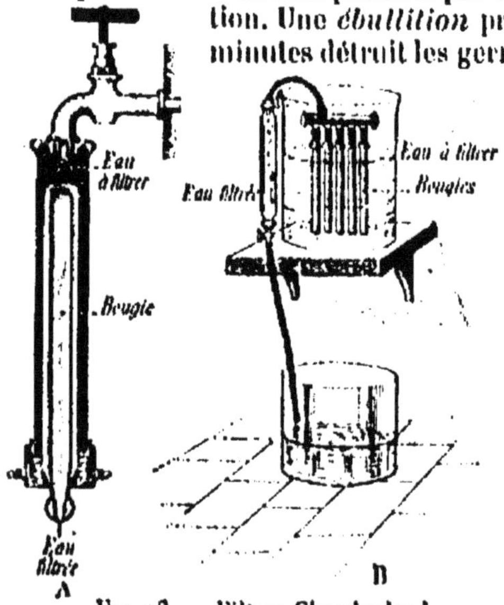

Fig. 18. — Filtres Chamberland. A, avec pression. — B, sans pression.

à travers un ou plusieurs tubes en porcelaine dégourdie (bougies Chamberland, *fig.* 18, A) dont les pores arrêtent les germes organisés ; chaque bougie est enfermée dans un manchon en cuivre nickelé qui est fixé à un branchement relié à la conduite d'eau de la maison. On peut aussi plonger simplement dans un récipient plein d'eau des bougies communiquant avec un tube formant siphon et amorcé par succion (*fig.* 18, B).

24. Eaux minérales. — Les eaux minérales sont des eaux naturelles qui ont dissous sur leur passage certaines substances et sont utilisées à cause de cela pour leurs propriétés curatives. Celles qui viennent d'une certaine profondeur sont en outre à une température plus ou moins élevée ; on les appelle *eaux thermales*.

Les eaux minérales peuvent être : *gazeuses* ou acidulées, riches en gaz carbonique (Seltz) ; *alcalines*, contenant des bicarbonates alcalins (Vichy) ; *sulfureuses*, contenant des sulfures alcalins (Enghien) ; *ferrugineuses*, contenant des composés du fer (Spa) ; *salines*, riches en sels de magnésium (Sedlitz) ou en chlorures, bromures, iodures (Plombières).

25. Eau oxygénée. — L'eau oxygénée est une combinaison d'hydrogène et d'oxygène dans laquelle ces deux gaz sont dans la proportion $\frac{1}{16}$. On la prépare en traitant le bioxyde de baryum par l'acide fluorhydrique. C'est un liquide incolore, doué d'une saveur métallique désagréable. Elle se décompose très facilement en eau et en oxygène, ce qui en fait un oxydant énergique.

On emploie l'eau oxygénée pour le blanchiment de la soie, de la paille, des plumes, de l'ivoire, pour la décoloration des jus sucrés. Elle décolore les cheveux et les fait passer du brun au blond. Très étendue, elle sert à restaurer les peintures qui ont été noircies par l'acide sulfhydrique. En médecine, on utilise l'eau oxygénée pour amener la cicatrisation des plaies.

RÉSUMÉ DU CHAPITRE III

L'eau est une combinaison d'hydrogène et d'oxygène : en volume, l'hydrogène se combine à la moitié de son volume d'oxygène et forme un volume de vapeur d'eau égal au sien. On vérifie la composition en volume en décomposant l'eau par un courant (voltamètre) ou en enflammant un mélange de 2 vol. d'hydrogène et 1 vol. d'oxygène (endiomètre). Dumas a déterminé le rapport des masses d'hydrogène et d'oxygène en faisant passer un courant d'hydrogène sur de l'oxyde de cuivre chauffé. Il a trouvé $\frac{1}{8}$.

L'eau est bleue ou verdâtre en grande masse. C'est la masse d'un centimètre cube d'eau qui a été prise pour unité de masse (gramme-masse). L'eau augmente de volume en se solidifiant. Son point d'ébullition sous la pression ordinaire et le point de fusion de la glace ont été choisis comme points fixes 100 et 0 du thermomètre centigrade.

L'eau est décomposée par quelques corps simples : le carbone, le potassium, le fer s'emparent de son oxygène et mettent l'hydrogène en liberté.

L'eau ordinaire tient en dissolution des gaz (air, gaz carbonique) et des sels minéraux. Elle contient en outre une quantité variable de matières organiques et de germes organisés. Pour débarrasser l'eau des solides qui s'y trouvent en dissolution, on la distille.

Les eaux sont potables quand elles sont propres à la boisson et aux usages domestiques. Pour être potable, une eau doit être fraîche, sans odeur, avec une faible saveur agréable, être suffisamment aérée, bien cuire les légumes et dissoudre le savon, enfin renfermer en dissolution des matières minérales dont la masse n'excède pas 5 décigrammes par litre.

CHAPITRE IV

HYDROGÈNE

Symbole : H. Masse atomique : 1.

26. État naturel. — L'hydrogène libre ne se rencontre guère dans la nature que dans les gaz qui se dégagent des volcans. A l'état de combinaison, il est au contraire très répandu : il forme la neuvième partie de l'eau en masse (6); il entre dans la constitution de tous les êtres vivants et d'une foule de composés minéraux.

27. Préparation. — *On prépare l'hydrogène en faisant agir le zinc du commerce sur l'acide sulfurique étendu d'eau.* L'acide sulfurique contient de l'hydrogène ; le zinc prend la place de cet hydrogène : il se forme un composé appelé sulfate de zinc qui se dissout dans l'eau, et l'hydrogène se dégage.

On emploie un flacon à deux tubulures (*fig.* 19); la tubulure centrale est munie d'un tube à entonnoir; la tubulure latérale porte un tube à dégagement plongeant dans un vase plein d'eau. Après avoir introduit dans le flacon du zinc et de l'eau jusqu'au tiers de sa hauteur, on verse peu à peu de l'acide sulfurique par le tube à entonnoir. Un vif bouillonnement se manifeste aussitôt et le flacon s'échauffe par suite de la formation du sulfate de zinc. Les premières bulles qui se dégagent sont constituées principalement par l'air que contenait le flacon; on les laisse perdre. L'hydrogène est recueilli dans des éprouvettes préalablement remplies d'eau et renversées au-dessus de l'extrémité du tube abducteur:

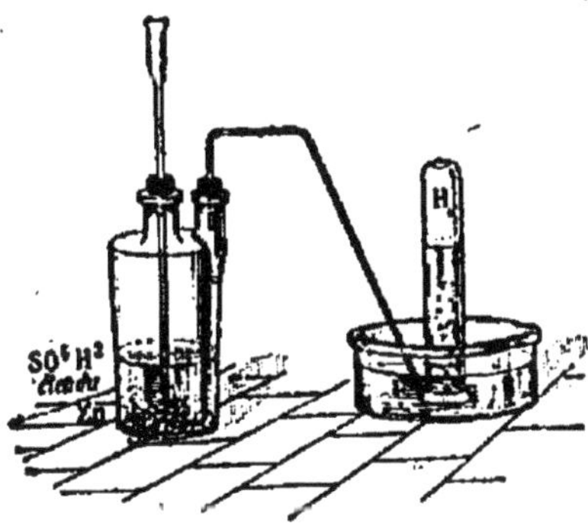

Fig. 19. — Appareil à hydrogène.

$$Fe + SO^4H^2 = SO^4Fe + 2H.$$

On remplace quelquefois dans cette préparation l'acide sulfurique par un autre acide, l'acide chlorhydrique. Le résidu de la préparation est alors du chlorure de zinc.

Enfin le zinc lui-même peut être remplacé par du fer.

Appareil de Deville. — L'hydrogène étant d'un emploi fréquent dans les laboratoires, est souvent obtenu avec un appareil monté une fois pour toutes et produisant le gaz à volonté. Cet appareil se compose de deux flacons reliés par les tubulures inférieures à l'aide d'un tube en caoutchouc (*fig.* 20). L'un des flacons reçoit de l'acide chlorhydrique: l'autre contient du zinc disposé sur un lit de verre cassé, et son goulot porte un tube à dégagement muni d'un robinet. Si l'on ouvre le robinet, l'acide pénètre dans ce dernier flacon et au contact du zinc, dégage de l'hydrogène. Quand on le ferme, l'hydrogène ne pouvant plus s'échapper, refoule le liquide acide par le tube en caoutchouc, ce qui met un terme au dégagement. Pendant le fonctionnement de l'appareil, le flacon qui contient l'acide doit être élevé plus ou moins, suivant la pression que le gaz a à vaincre pour se dégager.

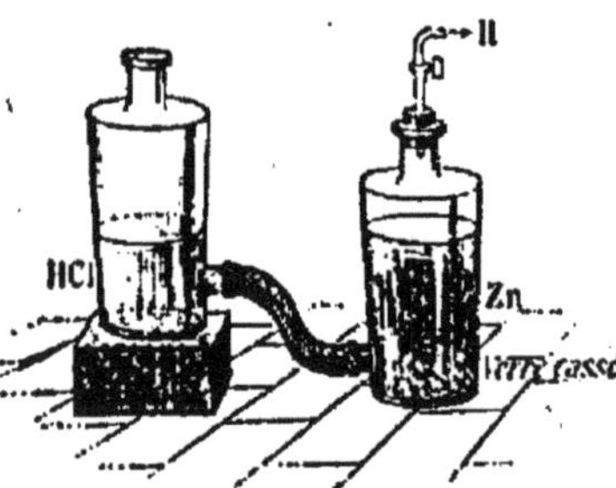

Fig. 20. — Appareil à production continue de Deville.

Préparation de l'hydrogène par le courant électrique. — C'est par ce procédé que l'on prépare l'hydrogène employé pour le gonflement des ballons. L'eau est rendue conductrice de l'électricité par de la soude caustique et non par l'acide sulfurique, ce qui permet de substituer le fer au platine pour faire arriver le courant dans le liquide : les deux lames de platine du voltamètre sont remplacées par deux larges plaques de tôles isolées l'une de l'autre par de l'amiante. L'oxygène et l'hydrogène peuvent être recueillis séparément (*fig.* 21). L'hydrogène ainsi obtenu est livré au commerce comprimé à 120kg dans des récipients en acier.

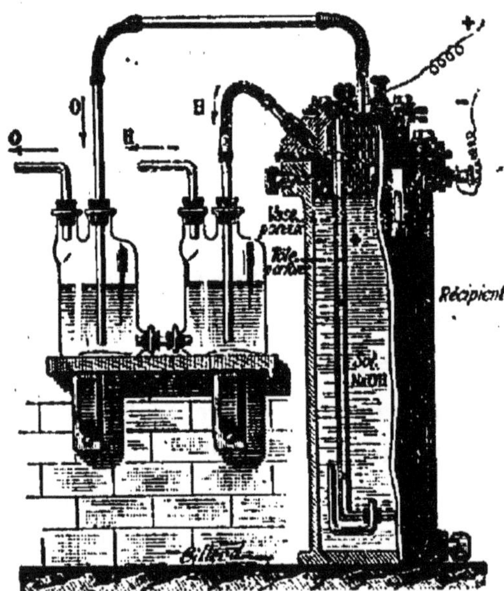

Fig. 21. — Voltamètre à grand débit.

28. Propriétés physiques. — L'hydrogène est un gaz incolore, inodore et sans saveur ; il est bon conducteur de la chaleur et presque insoluble dans l'eau.

C'est le plus léger de tous les gaz : 1 litre d'hydrogène pèse 0g,0898, c'est-à-dire environ 14 fois 1/2 moins qu'un litre d'air, dont la masse est 1g,293. Le rapport entre ces deux masses, c'est-à-dire la *densité* de l'hydrogène par rapport à l'air, est représenté par $\frac{0,0898}{1,293} = 0,0695$. Cette légèreté de l'hydrogène peut être mise facilement en évidence : une éprouvette pleine de ce gaz le conserve parfaitement si on la maintient verticalement l'ouverture en bas, tandis qu'elle n'en renferme bientôt plus si elle est maintenue

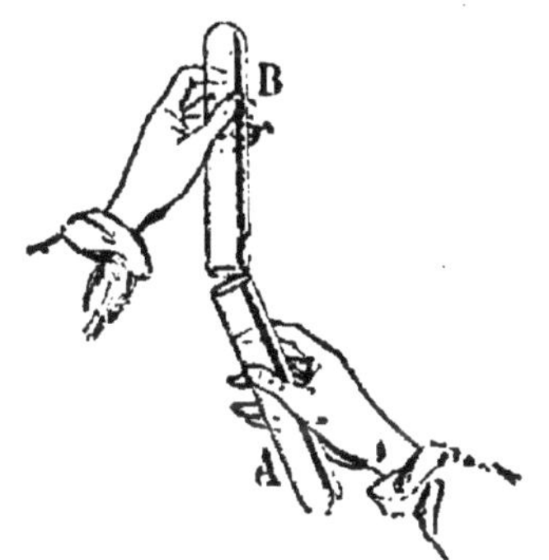

FIG. 22. — Transvasement de l'hydrogène.

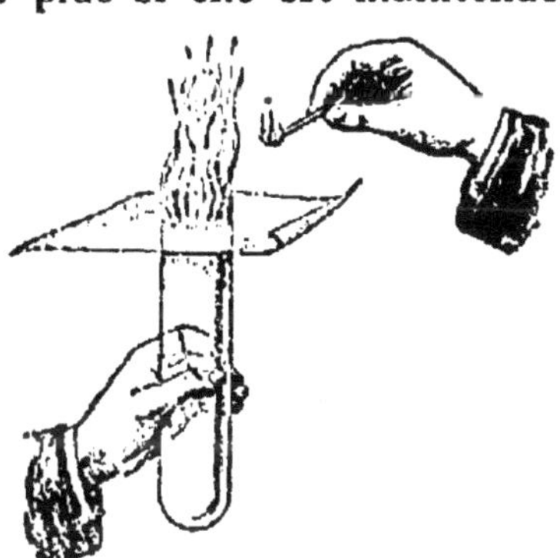

FIG. 23. — Diffusion de l'hydrogène.

l'ouverture en haut. Si en effet on présente une flamme à l'ouverture de la première éprouvette, le gaz s'enflamme, tandis que la flamme n'a plus d'effet sur le gaz de la seconde éprouvette. Cette expérience fait comprendre comment on peut transvaser de l'hydrogène de l'éprouvette A dans l'éprouvette B ne contenant que de l'air, comme le montre la figure 22. On sait aussi que les bulles de savon et les petits ballons de baudruche gonflés avec de l'hydrogène s'élèvent rapidement dans l'air.

A cause de sa faible densité, l'hydrogène traverse beaucoup plus facilement que les autres gaz les cloisons poreuses, les membranes animales, le papier, etc.; aussi dit-on que l'hydrogène est *très diffusible*. Pour le montrer, on ferme une éprouvette pleine d'hydrogène avec une feuille de papier-filtre, puis on la retourne (*fig.* 23), le gaz traverse le papier et on peut l'enflammer au-dessus de l'éprouvette.

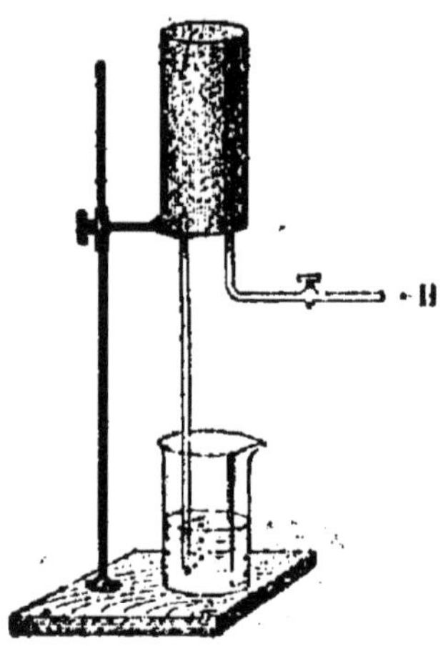

Fig. 24. — Diffusibilité de l'hydrogène.

On peut encore montrer cette diffusibilité en se servant d'un vase poreux auquel est adapté un tube légèrement recourbé (*fig.* 24), qui pénètre dans un flacon contenant de l'eau colorée. Le flacon porte un tube droit qui plonge dans le liquide. Si l'on recouvre le vase poreux d'une cloche pleine d'hydrogène, ce gaz pénètre dans le vase poreux plus vite que l'air n'en sort et on voit immédiatement l'eau colorée s'élever dans le tube droit.

Liquéfaction. — L'hydrogène est le gaz le plus difficilement liquéfiable. M. Dewar, en employant une pression de 180^{kg} et un froid de — 205°, a obtenu un liquide incolore et a pu en recueillir 200$^{cm^3}$ dans des vases spéciaux à double enveloppe. M. Dewar l'a, depuis, solidifié.

Action sur l'organisme. — L'hydrogène pur est un gaz inoffensif, mais il n'entretient pas la vie. Respiré seul, il produit l'asphyxie par privation d'oxygène.

29. Propriétés chimiques. — L'hydrogène est un gaz *combustible* : il brûle avec une flamme pâle, très chaude, en se combinant à l'oxygène de l'air ; le produit de la combustion est de la vapeur d'eau.

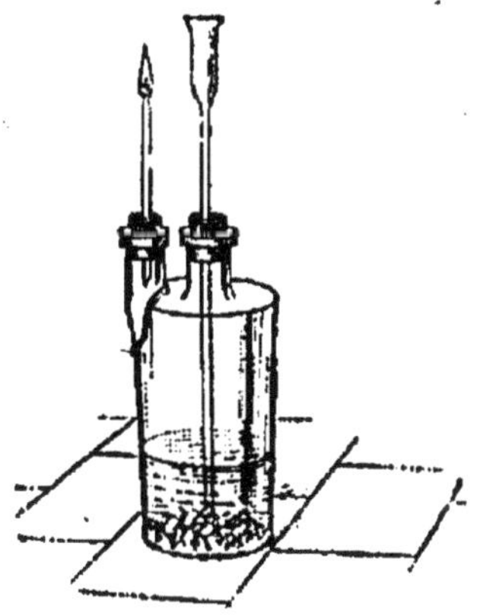

Fig. 25. — Combustion continue de l'hydrogène.

Pour effectuer cette combustion d'une manière continue, on remplace le tube à dégagement de l'appareil producteur par un tube droit, effilé (*fig.* 25), et *l'on attend pour enflammer l'hydrogène que tout l'air ait été expulsé de l'appareil.* Si l'on entoure la flamme d'un gros tube de verre, elle s'allonge et produit un son intense qui a fait donner à cette expérience le nom d'*harmonica chimique.*

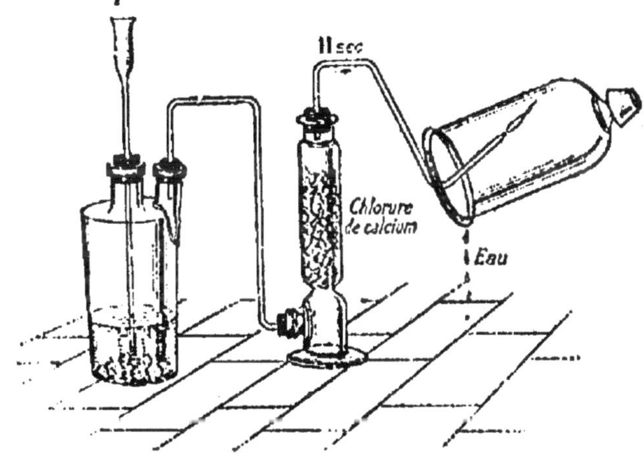

Fig. 26. — Production d'eau par la combustion de l'hydrogène.

On démontre que le produit de la combustion est de la vapeur d'eau en faisant passer l'hydrogène à travers des substances avides d'eau (*fig.* 26) et en le faisant brûler sous une cloche de verre. La vapeur d'eau produite se condense sur les parois de la cloche en gouttelettes qui ruissellent le long du verre.

L'hydrogène forme avec l'oxygène un mélange qui *détone* au contact d'une flamme. Pour le montrer, on remplit aux 2/3 d'hydrogène un flacon plein d'eau et on achève de le remplir avec de l'oxygène. Si l'on approche l'ouverture du flacon d'une flamme, il se produit une violente détonation, résultant de ce que la vapeur d'eau a d'abord brusquement refoulé l'air à l'orifice du flacon, puis s'est condensée, ce qui a amené subitement une rentrée de l'air.

Action réductrice de l'hydrogène. — L'hydrogène, ayant une grande tendance à s'unir à l'oxygène, décompose la plupart des oxydes métalliques avec l'aide de la chaleur. On dit que ces oxydes sont *réduits* et que l'hydrogène est

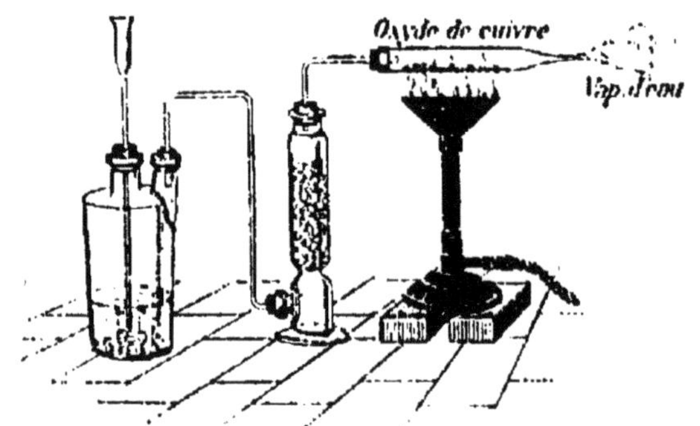

Fig. 27. — Réduction d'un oxyde par l'hydrogène.

un agent *réducteur*. Si l'on chauffe légèrement de l'oxyde de cuivre dans un tube adapté à un appareil producteur d'hydrogène sec (*fig.* 27), il se dégage bientôt de la vapeur d'eau à l'extrémité du tube, en même temps que l'oxyde devient incandescent. Après refroidissement, le tube renforme une poudre rouge, qui n'est autre chose que du cuivre métallique.

30. Caractères de l'hydrogène. — L'hydrogène se distingue des autres gaz par les caractères suivants :

1° il brûle avec une flamme pâle ;

2° le produit de sa combustion est de la vapeur d'eau, qui se condense en gouttelettes sur des parois froides.

31. Usages. — Dans les laboratoires, l'hydrogène est souvent employé comme réducteur.

Comme il est beaucoup plus léger que l'air, il convient parfaitement pour le gonflement des aérostats, à la condition qu'on fasse usage d'enveloppes imperméables.

Dirigée sur un bâton de chaux vive, la flamme de l'hydrogène devient éblouissante et convient bien pour éclairer les lanternes de projection. Alimentée par l'oxygène, cette même flamme produit une température très élevée, utilisée pour fondre le platine, pour souder le plomb à lui-même.

RÉSUMÉ DU CHAPITRE IV

L'*hydrogène* ($H = 1$) forme la 9e partie de l'eau en masse et entre dans la constitution d'un grand nombre de composés. On le prépare en décomposant l'acide sulfurique étendu par le zinc dans un flacon à deux tubulures.

C'est un gaz incolore, très peu soluble dans l'eau. Il pèse 14 fois 1/2 moins que l'air à volume égal, ce qui lui permet de traverser facilement les enveloppes poreuses.

L'hydrogène brûle avec une flamme pâle, très chaude, en produisant de la vapeur d'eau. Il réduit un grand nombre d'oxydes métalliques, s'empare de leur oxygène pour former de l'eau et met le métal en liberté.

On emploie quelquefois l'hydrogène pour gonfler les ballons ; on s'en sert aussi, avec un bâton de chaux vive, pour éclairer les lanternes de projection.

CHAPITRE V

OXYGÈNE

Symbole : O. **Masse atomique : 16.**

32. État naturel. — L'oxygène est un des corps les plus répandus dans la nature ; il forme environ le 1/5 en volume de l'air ; à l'état de combinaison, il entre dans la constitution de l'eau et d'un grand nombre de composés.

33. Préparation. — Il semble tout naturel d'extraire l'oxygène de l'air ou de l'eau ; cette opération est cependant assez compliquée et ne se fait que dans l'industrie. Dans les laboratoires, on préfère employer des composés qui contiennent de l'oxygène et le cèdent facilement ; les composés les plus employés sont le *chlorate de potassium* et l'*oxylithe.*

Préparation par le chlorate de potassium. — Le chlorate de

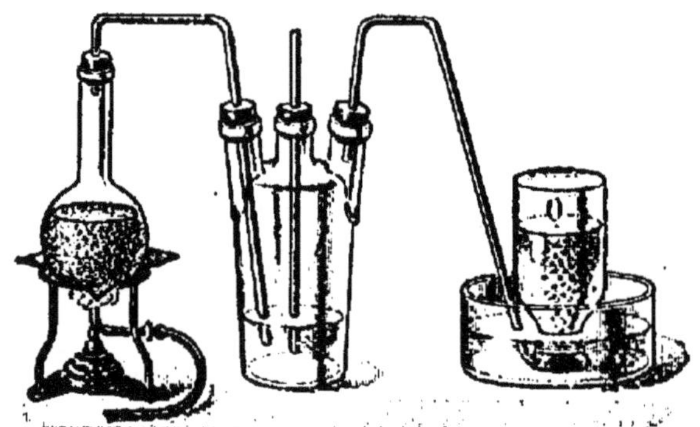

FIG. 28. — Préparation de l'oxygène par le chlorate de potassium.

potassium est un sel qui se présente en paillettes blanches brillantes ; chauffé modérément, il fond, puis se décompose et dégage de l'oxygène ; il reste finalement un résidu de *chlorure de potassium.* Ordinairement on ajoute au chlorate un peu de bioxyde de manganèse, minéral noir naturel, qui rend plus régulière la décomposition du chlorate.

Le mélange de chlorate et de bioxyde est introduit dans un petit ballon de verre (*fig*. 28) relié à un flacon laveur contenant de l'eau. L'oxygène lavé passe par un tube à dégagement et est recueilli dans des flacons ou dans des éprouvettes.

La formule de la réaction est

$$ClO^3K = KCl + 3O \nearrow.$$

Préparation par l'oxylithe. — L'oxylithe est un composé ayant pour formule Na^2O^2 que l'on obtient en faisant absorber l'oxygène de l'air sec par du sodium fondu. Il suffit de projeter de l'oxylithe dans l'eau pour avoir de l'oxygène :

$$Na^2O^2 + H^2O = 2NaOH + O \nearrow.$$

Préparation industrielle de l'oxygène. — Dans l'industrie, on obtient de l'oxygène par la décomposition de l'eau, rendue conductrice par de la soude caustique, par un courant électrique (27).

On extrait aussi l'oxygène de l'air liquide. Lorsqu'on liquéfie l'air, ses éléments passent simultanément à l'état liquide, bien que l'oxygène soit moins volatil que l'azote; mais pendant l'opération inverse, c'est-à-dire l'évaporation de l'air liquide, l'azote se dégage le premier, de sorte que le mélange devient de plus en plus riche en oxygène. L'oxygène ainsi obtenu ne contient que 2 à 3 % d'azote et revient à un peu plus de 2 centimes le mètre cube. On le livre, comme l'hydrogène, comprimé à 120kg dans des récipients en acier.

34. Propriétés physiques. — L'oxygène est un gaz incolore, inodore et sans saveur, très peu soluble dans l'eau. Il est un peu plus lourd que l'air : sa densité est 1,105 ; comme un litre d'air pèse 1g,203, la masse d'un litre d'oxygène est

$$1,203 \times 1,105 = 1^g,43.$$

L'oxygène est très difficile à liquéfier. En soumettant de l'oxygène à un froid de — 136° sous une pression de 22kg, MM. Wroblowski et Olzewski ont obtenu un liquide incolore, très mobile, qui entre en ébullition à — 184°.

Action sur l'organisme. — L'oxygène est l'agent essentiel de la respiration. L'air introduit dans les poumons cède son oxygène au sang qui a traversé toutes les parties du corps et reçoit en échange du gaz carbonique et de la vapeur d'eau. Pur, l'oxygène peut être respiré quelque temps sans inconvénient, mais il devient un poison si sa pression est supérieure à la pression normale : Paul Bert a montré qu'un oiseau placé dans l'oxygène comprimé à plusieurs kilogrammes meurt après de violentes convulsions.

35. Propriétés chimiques. — L'oxygène est surtout caractérisé par ce fait que les corps combustibles y brûlent avec plus d'éclat que dans l'air ; si, dans une éprouvette pleine d'oxygène, on introduit une allumette présentant encore un point en ignition, elle se rallume en faisant entendre une petite détonation (*fig.* 29).

Fig. 29. — L'oxygène rallume une allumette presque éteinte.

Action sur les métalloïdes. — La plupart des métalloïdes s'unissent directement à l'oxygène avec production de chaleur et de lumière.

Mettons un morceau de soufre dans une petite coupelle en terre que supporte un fil de fer fixé à un large bouchon de liège, enflammons-le et descendons la coupelle dans un flacon plein d'oxygène ; le soufre brûlera avec une flamme d'un beau bleu pur, en formant un gaz à odeur suffocante appelé anhydride sulfureux.

Du *phosphore* allumé et introduit rapidement dans un flacon d'oxygène brûle avec une lumière éblouissante (*fig.* 30), accompagnée de fumées blanches épaisses d'anhydride phosphorique, combinaison d'oxygène et de phosphore.

Enfin un bâton de fusain (*carbone*) rougi préalablement brûle de même avec éclat en se transformant en anhydride carbonique, gaz incolore ayant la propriété de troubler l'eau de chaux.

Fig. 30. — Combustion du phosphore dans l'oxygène.

Action sur les métaux. — La plupart des métaux, chauffés à une température plus ou moins élevée, brûlent dans l'oxygène en produisant des oxydes.

Pour montrer la combustion du *fer*, on introduit rapidement dans l'oxygène un fil de clavecin enroulé en spirale et à l'extrémité libre duquel se trouve un morceau d'amadou enflammé (*fig.* 31). Le fer brûle en lançant de tous côtés des étincelles brillantes et en se transformant en oxyde de fer. Cet oxyde fond et se détache en globules qui détermineraient la rupture du flacon si l'on n'avait eu soin d'y laisser une légère couche d'eau.

Fig. 31. — Combustion du fer dans l'oxygène.

Enfin un ruban de *magnésium* enflammé préalablement à une extrémité brûle dans l'oxygène avec une flamme éblouissante. Il se dépose sur les parois du flacon une poussière blanche qui est de la magnésie.

Caractères de l'oxygène. — Les caractères suivants permettent de reconnaître l'oxygène libre :

1° une allumette présentant encore un point rouge se rallume dans ce gaz en faisant entendre une petite détonation ;

2° Il est absorbé par un composé organique, l'*acide pyrogallique*, en présence de la potasse.

36. Usages. — L'oxygène est l'agent essentiel de la respiration et des combustions.

Il joue un grand rôle dans la fabrication de composés importants, tels que la litharge, l'acide sulfurique, l'oxyde de zinc. Dans les laboratoires, on l'utilise pour faire brûler activement l'hydrogène ou le gaz d'éclairage (*fig.* 32) et produire ainsi des températures très élevées. En médecine on l'emploie sous forme d'inhalations, contre l'anémie, les empoisonnements occasionnés par certains gaz, comme l'oxyde de carbone. Enfin on emporte des ballons d'oxygène comprimé pour activer la respiration dans les ascensions à de grandes hauteurs.

FIG. 32. — Chalumeau à gaz.

37. Combustions. — Le mot *combustion* est appliqué d'une manière générale à *toute combinaison directe d'un corps avec l'oxygène.*

Lorsque cette combinaison est accompagnée de lumière et d'un dégagement considérable de chaleur, on dit qu'il y a *combustion vive.* Ainsi les corps combustibles comme le bois, le gaz d'éclairage, brûlent dans l'air parce que leurs éléments se combinent à l'oxygène, et ils produisent des combustions vives. Nous avons vu que ces combustions sont plus vives dans l'oxygène pur que dans l'air, celui-ci ne renfermant que $\frac{1}{5}$ de son volume d'oxygène.

Certains corps, exposés à l'air à la température ordinaire, s'oxydent lentement sans qu'il y ait ni production de lumière, ni dégagement apparent de chaleur. On appelle ces oxydations des *combustions lentes*. En réalité, il y a de la chaleur dégagée, mais elle est en quantité très faible, ou bien se perd par rayonnement au fur et à mesure de sa production. Comme exemples de combustions lentes, nous citerons la transformation du fer en rouille au contact de l'air humide, la formation de vert-de-gris à la surface du cuivre dans les mêmes conditions, etc.

On étend aujourd'hui le nom de combustion à toute réaction chimique accompagnée de chaleur et de lumière. Ainsi le fer, le cuivre brûlent dans la vapeur de soufre ; ce sont là des combustions vives. Le soufre joue dans ce cas le rôle de corps *comburant* (se dit d'un corps qui, en se combinant avec un autre corps, fait brûler ce dernier); le fer, le cuivre, le rôle de corps *combustibles*.

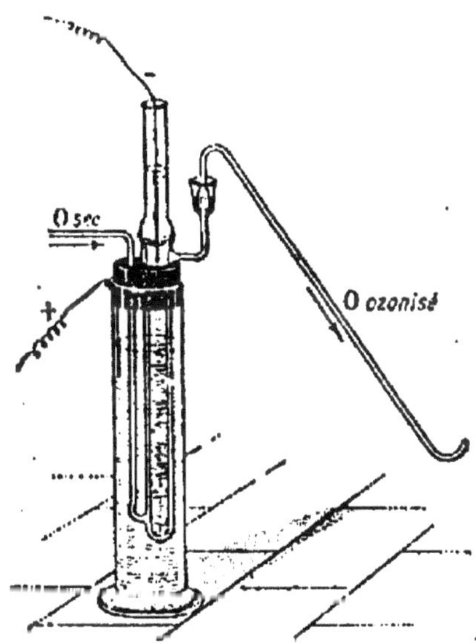

Fig. 33. — Appareil à effluves pour la production de l'ozone.

38. **Ozone.** — Si, dans la décomposition de l'eau par un courant électrique, on refroidit convenablement l'éprouvette qui repose sur l'électrode positive, on constate que l'oxygène qui s'y dégage possède une odeur pénétrante particulière. Cet oxygène modifié a été appelé *ozone*; mot qui signifie « avoir une odeur ». On obtient aussi de l'oxygène ozonisé en soumettant un courant d'oxygène à l'action de l'électricité sous forme de décharges obscures (*fig*. 33).

Il y a toujours de l'ozone dans l'air, principalement dans l'air des campagnes.

Les propriétés oxydantes de ce gaz sont beaucoup plus énergiques que celles de l'oxygène ordinaire. C'est ainsi par exemple qu'il oxyde le mercure à la température ordinaire, qu'il décolore l'indigo, le tournesol, etc.

L'ozone est l'un des plus puissants antiseptiques connus ; il est employé avec succès dans le traitement d'une foule de maladies épidémiques (influenza, scarlatine, choléra) et d'affections provenant du ralentissement de la nutrition (diabète, tuberculose). Il sert à purifier l'air vicié des salles d'hôpitaux, des classes, etc. C'est à lui qu'on attribue le blanchiment des toiles sur les prés. Enfin on utilise quelquefois l'oxygène ozonisé pour purifier les alcools de mauvais goût.

RÉSUMÉ DU CHAPITRE V

L'*oxygène* (O = 16) est très répandu ; il fait partie de l'air, de l'eau et d'un grand nombre de composés. On le prépare en chauffant dans un ballon de verre du chlorate de potassium, auquel on ajoute du bioxyde de manganèse ou encore avec de l'oxylithe.

L'oxygène est incolore. Les corps combustibles brûlent dans ce gaz avec plus d'éclat que dans l'air. Ex. : combustions du soufre, du phosphore, du carbone, du fer, du magnésium ; une allumette présentant encore un point rouge s'y rallume.

L'oxygène est l'agent essentiel de la respiration et des combustions ; il sert à produire des températures élevées ou une vive lumière.

Toute combinaison directe d'un corps avec l'oxygène s'appelle combustion. Les combustions vives sont accompagnées de chaleur et de lumière. Dans les combustions lentes, au contraire, il n'y a pas production de lumière et la chaleur dégagée n'est pas apparente (rouille).

I. — MÉTALLOÏDES MONOVALENTS

CHAPITRE VI

CHLORE

Symbole : Cl. M. atomique : 35,5. M. moléculaire : 71.

39. État naturel — Le chlore ne se rencontre pas libre

dans la nature, mais il est très répandu à l'état de chlorures : le *chlorure de sodium* NaCl forme des dépôts considérables dans le sein de la terre ; il y en a près de 25g dans un litre d'eau de mer. Celle-ci contient aussi en dissolution du *chlorure de potassium* KCl et du *chlorure de magnésium* $MgCl^2$.

40. Préparation. — *Le chlore se prépare en décomposant l'acide chlorhydrique par le bioxyde de manganèse.*

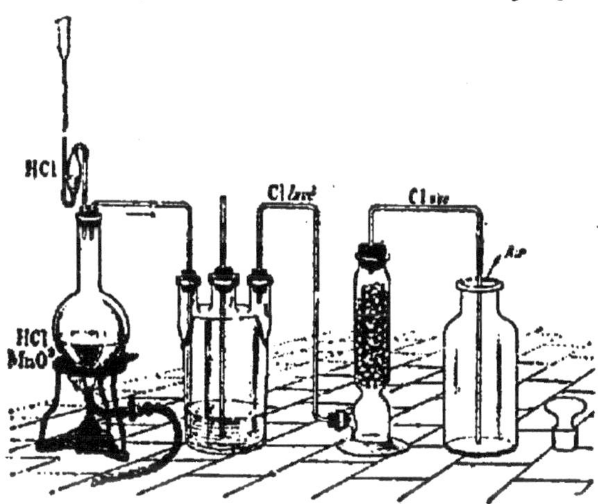

Fig. 34. — Préparation du chlore.

On chauffe doucement les deux corps dans un ballon muni d'un tube de sûreté (*fig.* 34). L'oxygène du bioxyde s'unit à l'hydrogène de l'acide chlorhydrique pour former de l'eau ; une partie du chlore se combine au manganèse ; l'autre se dégage, passe dans un flacon laveur contenant un peu d'eau pour retenir l'acide chlorhydrique entraîné, puis se dessèche dans un tube contenant du chlorure de calcium. Il reste dans le ballon du chlorure de manganèse et de l'eau :

$$MnO^2 + 4HCl = MnCl^2 + 2H^2O + 2Cl.$$

Le chlore ne peut être recueilli, ni sur l'eau dans laquelle il est soluble, ni sur le mercure qu'il attaque ; on le recueille *à sec*, en faisant arriver le tube à dégagement au fond d'un flacon sec ; le chlore, plus lourd que l'air, chasse peu à peu celui-ci et communique au flacon une teinte jaune-verdâtre.

Quand on ne tient pas à avoir du chlore pur, on met du chlorure de chaux (55) dans un appareil à hydrogène dont le tube à entonnoir est remplacé par un tube à boule et à robinet. On verse de l'acide chlorhydrique dans le tube et on ouvre de temps en temps le robinet pour le faire écouler dans le flacon.

41. Préparation industrielle du chlore. — Industriellement, le chlore est préparé en grand dans une série de cuves prismatiques construites en dalles de lave de Volvic (roche volcanique des environs de Riom). Ces cuves (*fig.* 35) portent

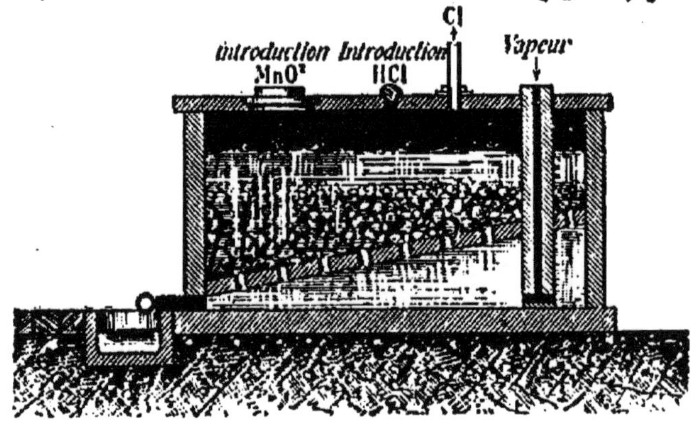

Fig. 35. — Still pour la préparation industrielle du chlore.

le nom de « stills » ou « pierres ». Chacune d'elles porte un double fond, incliné et percé de trous, pour recevoir le bioxyde de manganèse en morceaux. On chauffe en injectant de la vapeur d'eau au-dessous du double-fond par un tube en grès.

Les résidus acides provenant de l'opération sont régénérés. On les introduit dans des cuves ou « wells » munies d'un agitateur (*fig.* 36), où on les additionne de craie en poudre pour neutraliser l'acide chlorhydrique. Le contenu du well est alors pompé dans un bac décanteur et le liquide clair obtenu est soumis, dans un cylindre vertical appelé « oxydeur », à l'action

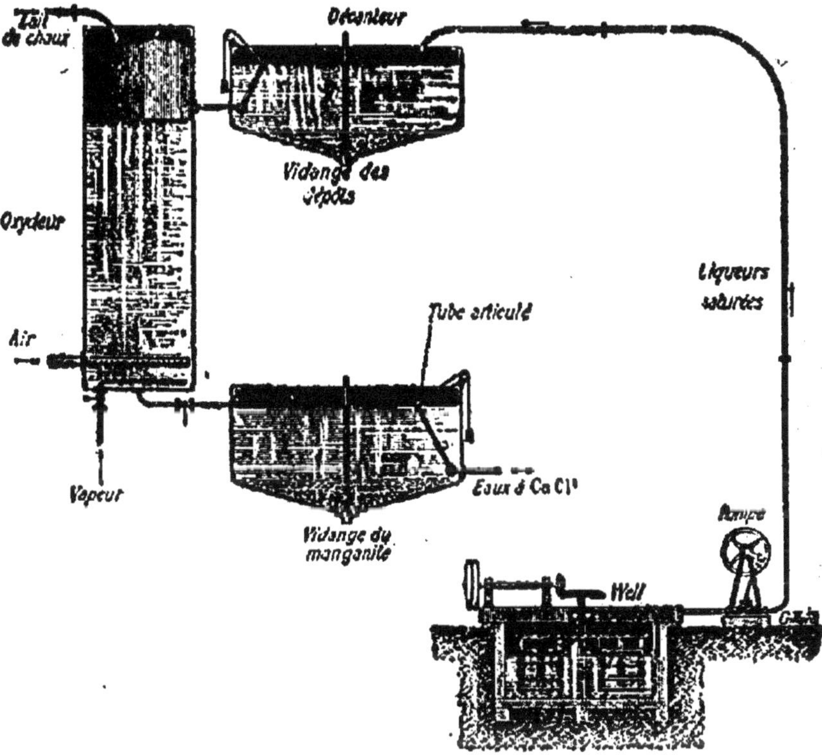

Fig. 36. — Disposition théorique de l'appareil pour la régénération du bioxyde de manganèse.

simultanée d'un lait de chaux et d'un violent courant d'air. La chaux décompose le chlorure de manganèse :

$$MnCl^2 + CaO = MnO + CaCl^2.$$

L'oxyde manganeux MnO s'oxyde sous l'influence de l'air et forme avec la chaux un composé insoluble, le manganite de calcium $(MnO^2)^2CaO.H^2O$, qui va se déposer dans un décanteur et peut être traité par l'acide chlorhydrique dans les stills à chlore.

Électrolyse du chlorure de sodium. — Si une dissolution de chlorure de sodium est traversée par un courant électrique, elle est décomposée : on obtient du sodium à l'électrode négative et du chlore à l'électrode positive.

Dans les laboratoires on fait l'électrolyse du chlorure de sodium dans un tube en U (*fig.* 37). Deux lames de platine plongent séparément dans la dissolution. En mettant un peu de phtaléine autour de la lame reliée au pôle négatif, on constate qu'elle rougit par suite de la formation de soude.

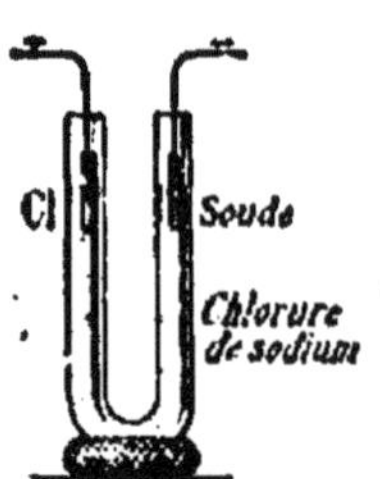

FIG. 37. — Électrolyse du chlorure de sodium dans les laboratoires.

La cuve à électrolyse utilisée dans l'industrie contient au fond une couche de mercure reliée au pôle négatif d'une machine dynamo-électrique (*fig.* 37 *bis*). Le sodium mis en liberté par le courant se combine au mercure et forme un amalgame, que l'on décompose en dehors de la cuve en soude caustique et en mercure ; le chlore se porte sur les électrodes positives et est recueilli par un tuyau de dégagement.

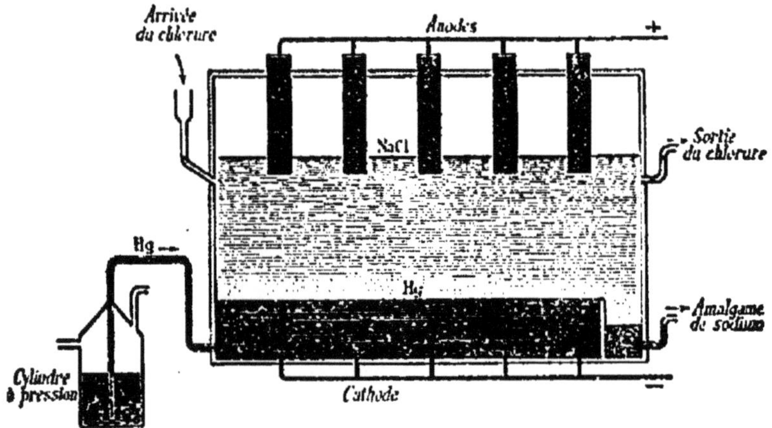

FIG. 37 *bis*. — Électrolyse du chlorure de sodium.

42. Propriétés physiques. — Le chlore est un gaz jaune-verdâtre, d'une odeur suffocante caractéristique et d'une saveur caustique. Il est environ 2 fois $\frac{1}{2}$ plus lourd que l'air ; sa densité est 2,49.

L'eau dissout environ trois fois son volume de chlore à

la température ordinaire. Cette dissolution, appelée *eau de chlore*, s'obtient en remplaçant le tube desséchant de l'appareil producteur de chlore par un flacon laveur aux $\frac{3}{4}$ rempli d'eau (*fig.* 38). On dispose à la suite de ce flacon une éprouvette contenant un lait de chaux, destiné à absorber le chlore en excès.

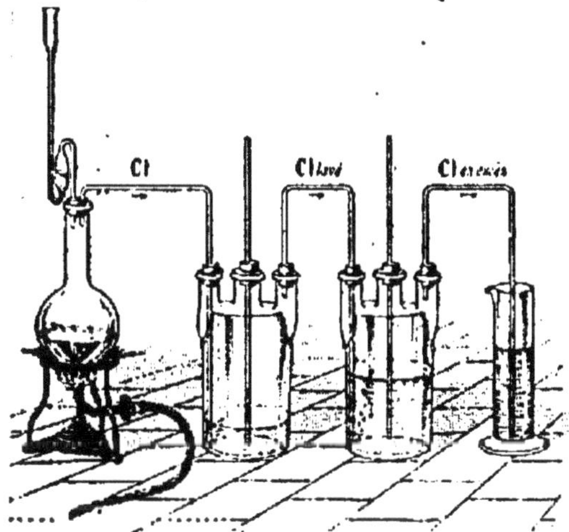

Fig. 38. — Préparation de l'eau de chlore.

Si l'on refroidit l'eau de chlore au-dessous de 8°, il se forme des lamelles butyreuses jaunâtres, constituant un *hydrate* de formule $Cl^2 + 10H^2O$.

Liquéfaction. — Le chlore est facilement liquéfiable ; il suffit de le soumettre à une pression de 6kg à 0°. On met de l'hydrate de chlore dans une des branches d'un tube de verre en forme de V, puis on ferme ce tube à la lampe. La branche contenant l'hydrate est alors plongée dans de l'eau tiède pendant que l'autre branche est entourée de glace (*fig.* 39). Le chlore liquéfié se rassemble dans cette dernière branche sous forme d'un liquide jaune, mobile.

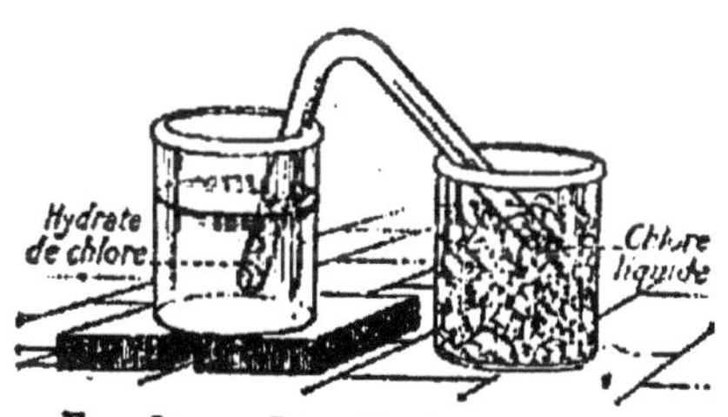

Fig. 39. — Liquéfaction du chlore.

Action sur l'organisme. — Le chlore est dangereux à respirer. En petite quantité, il détermine une sensation de chaleur à la gorge, accompagnée d'une toux douloureuse ; en plus grande quantité, il produit des crachements de sang. On atténue ces accidents en buvant du lait, de l'eau-de-vie ou en respirant de la vapeur d'eau.

43. Propriétés chimiques. — La propriété caractéristique du chlore est sa grande tendance à s'unir à l'*hydrogène* pour former de l'acide chlorhydrique. Si l'on mélange des volumes égaux de chlore sec et d'hydrogène, il ne se produit rien dans l'obscurité, mais à la lumière diffuse la combinaison s'effectue lentement. Si l'on approche une flamme de l'ouverture du flacon qui contient le mélange, il se produit une forte détonation et il y a production de vapeurs blanches d'acide chlorhydrique (*fig.* 40).

Fig. 40. — Combinaison du chlore et de l'hydrogène.

Action sur les métalloïdes. — Le chlore se combine directement avec la plupart des métalloïdes.

Un morceau de *phosphore* sec placé dans une coupelle et introduit dans un flacon plein de chlore fond, puis s'enflamme et se transforme en chlorures PCl^3 et PCl^5. L'*antimoine*, finement pulvérisé et projeté dans le chlore, produit une gerbe d'étincelles accompagnées de fumées épaisses de chlorure d'antimoine $SbCl^3$ (*fig.* 41).

Fig. 41. — Combustion de l'antimoine dans le chlore.

Action sur les métaux. — Un grand nombre de métaux sont attaqués par le chlore à la température ordinaire. Ainsi le sodium chauffé introduit dans le chlore s'enflamme spontanément en formant du chlorure de sodium.

Du *mercure* agité dans un flacon de chlore finit par adhérer au verre sous forme d'un enduit miroitant constitué par du chlorure de mercure. Une feuille d'*or* agitée avec de l'eau de chlore disparait rapidement.

Le *fer*, le *cuivre*, l'*étain* doivent être préalablement chauffés : un gros fil de cuivre rouge, légèrement chauffé et introduit dans un flacon plein de chloro, devient incandescent : il se produit en même temps des fumées jaunes, épaisses, de chlorure de cuivre.

Action sur les composés. — A cause de sa grande tendance à s'unir à l'hydrogène, le chlore enlève ce gaz à la plupart des composés hydrogénés.

L'*eau* est décomposée par le chlore sous l'influence de la lumière ou de la chaleur :

$$H^2O + 2Cl = 2HCl + O^{\nearrow}.$$

Cette équation montre pourquoi l'eau de chlore est un agent d'*oxydation* quand elle se trouve en présence de corps avides d'oxygène.

On évite l'action de la lumière en conservant l'eau de chlore dans des flacons en verre jaune ou noir.

L'*acide sulfhydrique* cède également son hydrogène au chlore :

$$H^2S + 2Cl = 2HCl + S;$$

cette propriété fait du chlore un désinfectant précieux.

Si l'on fait arriver un courant de *gaz ammoniac* AzH^3 dans un flacon plein de chlore (*fig.* 42), il y a inflammation et il se produit des fumées blanches de chlorure d'ammonium AzH^4Cl :

$$4AzH^3 + 3Cl = 3AzH^4Cl + Az^{\nearrow},$$

Pour montrer le dégagement d'azote, on verse de l'eau de chlore dans un long tube jusqu'aux $\frac{9}{10}$, on achève de le remplir avec de l'ammoniaque, puis on bouche le tube avec le doigt et on le renverse sur une cuve à eau (*fig.* 42) :

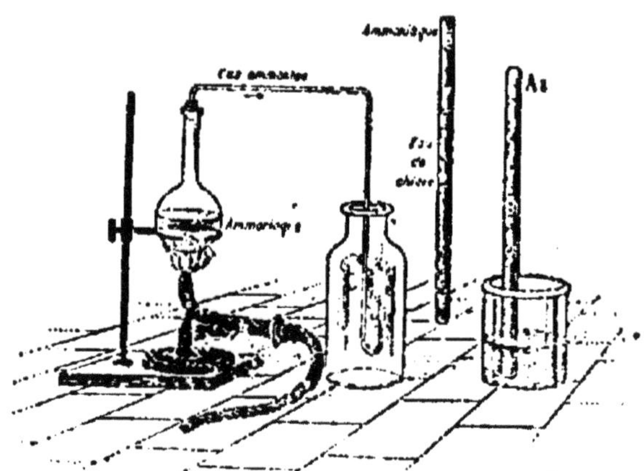

FIG. 42. — Action du chlore sur l'ammoniaque

l'ammoniaque, plus légère, monte à travers l'eau de chlore et est décomposée ; de nombreuses bulles gazeuses d'azote se rassemblent au sommet du tube et il se forme en même temps d'épaisses fumées blanches de chlorure d'ammonium.

Enfin les *matières organiques* hydrogénées sont plus ou moins attaquées par le chlore. Un morceau de papier à filtre imprégné d'essence de térébenthine $C^{10}H^{16}$ et introduit rapidement dans un flacon plein de chlore bien sec brûle avec une flamme rougeâtre en produisant des fumées épaisses d'acide chlorhydrique et un dépôt de noir de fumée :

$$C^{10}H^{16} + 16Cl = 16HCl + 10C.$$

Sous l'influence du chlore, les bouchons de liège sont

attaqués et jaunis ; le caoutchouc est mis rapidement hors d'usage ; enfin les matières colorantes d'origine organique sont détruites : versons de l'eau de chlore dans des verres à pied renfermant respectivement du tournesol, de l'encre, du vin rouge, du sulfate d'indigo, etc. ; nous verrons ces liquides se décolorer immédiatement. Cette action décolorante du chlore constitue une de ses principales applications.

44. Caractères. — On reconnaît le chlore libre :

1° à sa couleur jaune-verdâtre et à son odeur suffocante ;

2° à ce qu'il bleuit un papier amidonné imprégné d'iodure de potassium.

Le chlore décompose l'iodure et met en liberté de l'iode qui colore l'amidon en bleu.

45. Usages. — Le chlore est surtout employé comme *décolorant* et comme *désinfectant*. Son emploi à l'état de gaz serait incommode ; aussi le fait-on absorber par de la potasse, de la soude et de la chaux ; on obtient ainsi les chlorures décolorants (55).

Dans l'industrie, on a recours au chlore pour extraire le brome et l'iode, pour préparer des produits chlorés, comme le chloral, etc.

Dans les laboratoires, le chlore sert à préparer certains chlorures métalliques comme le chlorure ferrique et le chlorure d'étain.

RÉSUMÉ DU CHAPITRE VI

Le *chlore* ($Cl = 35,5$) ne se rencontre pas libre dans la nature : son composé le plus répandu est le chlorure de sodium.

On prépare le chlore en chauffant du bioxyde de manganèse avec de l'acide chlorhydrique dans un ballon de verre ou en traitant le chlorure de chaux par l'acide chlorhydrique ; le gaz est lavé, séché et recueilli à sec.

Le chlore est un gaz jaune-verdâtre, à odeur suffocante. Il est 2 fois 1/2 plus lourd que l'air. Sa solubilité dans l'eau = 3 à la température ordinaire. Cette dissolution constitue l'eau de chlore.

Le chlore se combine directement avec presque tous les corps simples, en dégageant beaucoup de chaleur. Un mélange à volumes égaux de ce gaz et d'hydrogène détone violemment à l'approche d'une flamme : le produit de la combinaison est de l'acide chlorhydrique.

Le phosphore, l'antimoine s'enflamment spontanément dans le chlore : le fer, le cuivre y brûlent quand ils ont été préalablement chauffés.

A cause de sa grande affinité pour l'hydrogène, le chlore enlève ce gaz à la plupart des composés hydrogénés : il décompose l'eau, l'acide sulfhydrique, le gaz ammoniac, détruit les matières colorantes organiques.

On utilise les propriétés décolorantes du chlore et son action sur l'acide sulfhydrique pour le blanchiment et pour la destruction des miasmes. On emploie ce gaz à l'état de chlorures décolorants.

CHAPITRE VII

ACIDE CHLORHYDRIQUE

Formule : HCl. M. moléculaire : 36,5

46. État naturel. — L'acide chlorhydrique, appelé quelquefois acide *muriatique* ou *esprit de sel*, se dégage des volcans. Comme il est très soluble dans l'eau, il se dissout dans les ruisseaux qui descendent des montagnes volcaniques et communique à leurs eaux des propriétés acides. Le suc gastrique en contient de 2 à 3/1 000, et c'est pour faire face à cette production que l'homme a

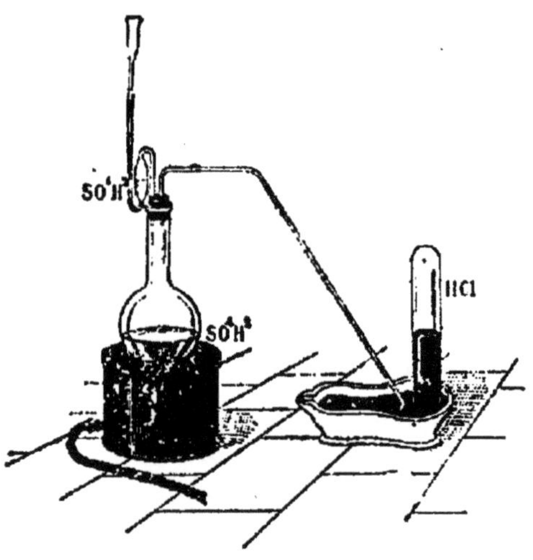

Fig. 43. — Préparation de l'acide chlorhydrique.

besoin de faire entrer du chlorure de sodium dans son alimentation.

47. Préparation. — *On prépare l'acide chlorhydrique en décomposant le chlorure de sodium par l'acide sulfurique.* Le résidu de la préparation est du sulfate acide de sodium :

$$NaCl + SO^4H^2 = SO^4NaH + HCl \nearrow.$$

On introduit dans un ballon muni d'un tube de sûreté et d'un tube à dégagement (*fig.* 43) du chlorure de sodium fondu (le chlorure ordinaire serait trop vite attaqué); puis on verse de l'acide sulfurique par le tube de sûreté et on chauffe modérément. Le gaz est recueilli sur le mercure. Comme il est plus lourd que l'air, on peut aussi le recueillir à sec dans des flacons qui ont été soigneusement desséchés.

La *dissolution* d'acide chlorhydrique s'obtient en disposant à la suite du ballon précédent une série de flacons laveurs contenant de l'eau pure. Les tubes qui amènent le gaz dans chaque flacon plongent de quelques millimètres seulement, de sorte que la dissolution, plus dense

Fig. 44. — Condensation industrielle de l'acide chlorhydrique.

que l'eau, gagne le fond au fur et à mesure de sa formation.

Dans l'industrie, le sel marin et l'acide sulfurique sont chauffés dans des fours; la température étant très élevée, le sulfate acide de sodium formé réagit sur le sel marin, et le résidu est du sulfate neutre de sodium :

$$2NaCl + SO^4H^2 = SO^4Na^2 + 2HCl^{\nearrow}.$$

L'acide chlorhydrique qui se dégage traverse successivement une série de bonbonnes et une tour remplie de coke (*fig.* 44); l'eau circule en sens inverse et se charge de plus en plus d'acide chlorhydrique.

La dissolution courante du commerce est d'un jaune d'ambre; elle contient un certain nombre d'impuretés, notamment du chlorure de fer qui lui donne sa couleur jaune; il provient de l'attaque par l'acide chlorhydrique de la fonte des fours.

48. Propriétés physiques. — L'acide chlorhydrique est un gaz incolore, fumant à l'air; il a une odeur suffocante et une saveur fortement acide. Sa densité est 1,25.

Solubilité. — L'eau, à 0°, dissout 500 fois son volume d'acide chlorhydrique. Pour mettre en évidence cette grande solubilité, on ferme un flacon plein de ce gaz par un bouchon portant un tube dont une extrémité est effilée et l'autre fermée à la lampe (*fig.* 45). On brise cette dernière dans de l'eau colorée par du tournesol bleu; l'eau s'élève dans le flacon en formant un jet d'eau et en prenant une coloration rouge.

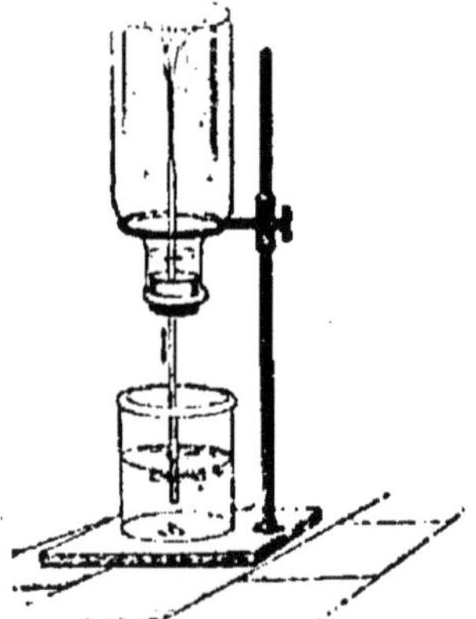

Fig. 45. — Solubilité de l'acide chlorhydrique.

On n'emploie l'acide chlorhydrique qu'à l'état de dissolution.

Si l'on chauffe une dissolution d'acide chlorhydrique, elle ne perd qu'une partie de son gaz, ce qui prouve qu'il n'y a pas eu simple dissolution. L'acide chlorhydrique forme en effet avec l'eau des hydrates, et les vapeurs blanches qu'il répand à l'air sont dues précisément à la condensation d'hydrates formés par ce gaz avec la vapeur d'eau de l'atmosphère.

Action sur l'organisme. — Les vapeurs d'acide chlorhydrique exercent une action très irritante sur les poumons ; elles provoquent la toux, les larmes, quelquefois des crachements de sang. La dissolution, introduite dans le tube digestif, y produit des ulcérations profondes ; son contrepoison est la magnésie calcinée, qui forme du chlorure de magnésium.

49. Propriétés chimiques. — L'acide chlorhydrique est un *acide très énergique*, rougissant fortement le tournesol. Il n'est pas combustible, et une bougie allumée plongée dans ce gaz s'éteint.

Action sur les métalloïdes. — Les métalloïdes n'exercent aucune action sur l'acide chlorhydrique, à l'exception de l'oxygène et du silicium. Au rouge sombre, l'oxygène forme de l'eau et met du chlore en liberté :

$$2HCl + O = H^2O + 2Cl.$$

Action sur les métaux. — Tous les métaux, sauf l'or et le platine, sont attaqués par l'acide chlorhydrique à une température plus ou moins élevée ; il se forme un chlorure et il se dégage de l'hydrogène.

La réaction se produit à froid et est très vive avec le zinc (27) :

$$Zn + 2HCl = ZnCl^2 + 2H.$$

Avec l'étain il faut chauffer légèrement. Enfin l'argent n'est attaqué qu'au rouge sombre.

Action sur les composés. — Le *gaz ammoniac* se combine au gaz acide chlorhydrique volume à volume en formant du chlorure d'ammonium AzH^4Cl. Il suffit de mettre en présence les bouchons des flacons à acide chlorhydrique et à ammoniaque pour voir apparaître aussitôt d'épaisses fumées blanches de ce chlorure (*fig.* 46).

L'acide chlorhydrique attaque la plupart des *oxydes métalliques* : il se produit un chlorure et de l'eau :

$$FeO + 2HCl = FeCl^2 + H^2O,$$
$$KOH + HCl = KCl + H^2O.$$

Versons peu à peu de l'acide chlorhydrique dans une dissolution concentrée de potasse ; il se formera un dépôt cristallin de chlorure de potassium. Certains bioxydes, comme le bioxyde de manganèse, traités par l'acide chlorhydrique, dégagent du chlore (40).

FIG. 46. — Action de l'acide chlorhydrique sur l'ammoniaque.

Fonction chimique. — L'acide chlorhydrique ne renfermant qu'un atome d'hydrogène remplaçable par un métal, est dit acide *monobasique* ; il ne s'unit qu'à 1 mol. de potasse KOH ou de soude NaOH et ne donne qu'un sel avec le même métal. Si celui-ci est monovalent, on a un chlorure de la forme KCl ou NaCl ; avec un métal divalent, comme le calcium, le zinc, etc., les formules des chlorures seront $CaCl^2$, $ZnCl^2$,... car un atome de métal divalent ne pouvant remplacer que 2 atomes d'hydrogène réagit sur 2 mol. d'acide chlorhydrique.

50. Caractères. — Les caractères suivants permettent de reconnaître l'acide chlorhydrique :

1° il a une odeur piquante et fume à l'air ;

2° il répand des fumées blanches en présence de l'ammoniaque ;

3° avec une dissolution d'azotate d'argent, il donne un précipité blanc de chlorure d'argent, devenant violet à la lumière et soluble dans l'ammoniaque.

51. Usages. — L'acide chlorhydrique sert à préparer le chlore, l'hydrogène, le gaz carbonique, etc. Dans l'industrie, on l'emploie pour préparer les chlorures décolorants, le chlorure d'ammonium; pour extraire la gélatine des os, décaper les métaux pour l'étamage et la galvanisation, décomposer les savons de chaux, régénérer le soufre des charrées de soude, laver les sables et argiles employés en céramique, épailler les laines. Ce dernier usage est une application de la propriété que possède la paille de s'émietter dans l'acide chlorhydrique, tandis que la laine y conserve sa souplesse.

Mélangé à l'acide azotique, il constitue l'*eau régale*, qui dissout l'or et le platine.

52. Composition de l'acide chlorhydrique. Loi des volumes. — Pour faire la *synthèse* de l'acide chlorhydrique, on abandonne à la lumière diffuse un système de deux flacons d'égal volume dont les cols s'emboîtent exactement et qui ont été remplis préalablement, l'un de chlore, l'autre d'hydrogène (*fig.* 47). Après quelques heures, la couleur du chlore a disparu; si l'on ouvre alors les deux flacons séparément sur le mercure, on constate que le volume n'a pas changé. De plus, une petite quantité d'eau introduite dans chaque flacon absorbe complètement le gaz.

Fig. 47. — Synthèse de l'acide chlorhydrique.

On déduit de cette expérience qu'*un volume* d'hydrogène en se combinant à *un volume* de chlore forme *deux volumes* d'acide chlorhydrique. C'est une application de la loi des combinaisons en volume : *les volumes de deux gaz qui se combinent sont dans un rapport simple, et le volume du composé formé, s'il est gazeux ou volatil, est dans un rapport simple avec les volumes des composants.* La synthèse de l'eau nous a montré une autre application de cette loi (6).

COMPOSÉS OXYGÉNÉS DU CHLORE

53. Considérations générales. — Bien que le chlore ne s'unisse pas directement à l'oxygène, on connaît sept composés oxygénés du chlore :

Anhydride hypochloreux	Cl^2O.	— Acide hypochloreux	$ClOH$.
Anhydride chloreux	Cl^2O^3.	— Acide chloreux	ClO^2H.
Peroxyde de chlore	ClO^2.	—	
. . . .		— Acide chlorique	ClO^3H.
. . . .		— Acide perchlorique	ClO^4H.

Ces corps sont très instables et dégagent de la chaleur en se décomposant. L'acide hypochloreux présente seul un intérêt pratique.

54. Acide hypochloreux. — L'acide hypochloreux ClOH est l'acide correspondant à l'anhydride chloreux Cl^2O.

On obtient une dissolution d'acide hypochloreux en introduisant dans un flacon de chlore de l'oxyde rouge de mercure et agitant fortement : la coloration verte du chlore disparaît peu à peu et le flacon contient une dissolution jaune d'acide hypochloreux. Cette dissolution est un *décolorant* énergique, agissant à la fois par son chlore et par son oxygène :

$$2ClOH = H^2O + 2Cl \nearrow + O \nearrow.$$

L'acide hypochloreux est employé à l'état d'*hypochlorites*, formant la base des chlorures décolorants.

55. Chlorure de chaux. — Le chlorure de chaux est le chlorure décolorant le plus employé. Sa formule est $CaOCl^2$. Il y a du chlorure solide et du chlorure liquide.

Le chlorure solide, de beaucoup le plus important, se prépare en faisant passer un lent courant de chlore sur de la chaux éteinte, tamisée et étendue sur des tablettes en couches de 10 à 15 centimètres d'épaisseur :

$$CaO + 2Cl = CaOCl^2.$$

Pour obtenir le chlorure liquide, on fait passer un courant de chlore dans un lait de chaux et on arrête le courant gazeux avant la disparition totale de la chaux.

Le chlorure de chaux solide se présente en poudre blanche amorphe, à faible odeur de chlore. Il se dissout dans l'eau en laissant un résidu de chaux hydratée. Les acides le décomposent et mettent le chlore en liberté :

$$CaOCl^2 + 2HCl = CaCl^2 + H^2O + 2Cl.$$

Le chlorure de chaux remplace le chlore dans la plupart de ses applications. Il est en effet d'un maniement commode, peut être transporté et n'a qu'une faible odeur. On en met aux bouches d'égout, dans les fosses d'aisance, en solutions de 2 à 5 pour 100 ; il sert aussi pour le blanchiment des fibres végétales (lin, chanvre, etc.) et de la pâte à papier, pour détruire les miasmes dans les hôpitaux. 1 kilogramme de chlorure peut dégager 100 à 130 litres de chlore.

56. Autres chlorures décolorants. — On emploie encore comme chlorures décolorants l'*eau de Javel* $ClOK + KCl$ et la *liqueur de Labarraque* $ClONa + NaCl$, qui sont des mélanges d'hypochlorite de potassium ou de sodium et du chlorure correspondant. L'eau de Javel s'obtient en faisant passer un courant de chlore dans une dissolution de potasse caustique maintenue froide :

$$2KOH + 2Cl = ClOK + KCl + H^2O.$$

La liqueur de Labarraque se prépare en faisant barboter du chlore dans un lait de chaux en suspension dans une solution de sulfate de sodium : il se forme du sulfate de calcium insoluble et la liqueur contient un mélange d'hypochlorite et de chlorure de sodium.

Remarque. — Le blanchiment par l'électricité (procédé Hermite) est entré aujourd'hui dans la pratique. On électrolyse une solution de chlorure de magnésium. Le chlorure de magnésium est décomposé en même temps que l'eau. L'hydrogène de l'eau et le magnésium se portent au pôle négatif, le chlore et l'oxygène se portent au pôle positif et s'y combinent en formant un composé oxygéné du chlore doué d'un grand pouvoir décolorant. On fait agir la dissolution ainsi obtenue sur des fibres végétales, telles que la pâte à papier, etc. ; l'oxygène opère le blanchiment, et le chlore, s'unissant au magnésium, reconstitue le chlorure de magnésium, qui sert ainsi indéfiniment.

RÉSUMÉ DU CHAPITRE VII

L'*acide chlorhydrique* HCl se prépare en chauffant dans un ballon du sel marin fondu avec de l'acide sulfurique ; il reste du sulfate acide de sodium, et le gaz qui se dégage est recueilli à sec ou sur le mercure.

C'est un gaz incolore, à odeur piquante. L'eau en dissout 500 fois son volume à 0°. Cette dissolution s'obtient en faisant passer le gaz dans des flacons laveurs contenant de l'eau distillée ; elle est incolore et fume à l'air.

L'acide chlorhydrique n'est pas combustible. C'est un acide énergique. Tous les métaux, sauf l'or et le platine, sont attaqués par lui, avec formation de chlorure et dégagement d'hydrogène. Au contact de l'ammoniaque, il produit des fumées blanches de chlorure d'ammonium.

Cet acide sert à préparer l'hydrogène, le chlore, la plupart des chlorures métalliques. On l'emploie pour décaper le fer, épailler les laines, etc. Avec l'acide azotique, il forme l'eau régale.

Deux gaz s'unissent toujours dans un rapport simple et le volume du composé, s'il est gazeux, est dans un rapport simple avec les volumes des composants (loi des combinaisons en volume). Ainsi, par exemple, un volume d'hydrogène en se combinant à un volume de chlore donne deux volumes d'acide chlorhydrique.

Le chlorure de chaux se prépare en faisant passer un courant de chlore sur de la chaux éteinte. C'est une poudre blanche, qui est décomposée par les acides avec dégagement de chlore. On s'en sert pour le blanchiment et comme désinfectant.

CHAPITRE VIII

BROME. — IODE. — FLUOR

57. Brome : Br = 80. — Le brome se retire des bromures (bromures de potassium, de sodium, de magnésium) qui existent en dissolution dans les eaux de la mer et dans un grand nombre de sources salées.

C'est un liquide rouge foncé, d'une odeur irritante rappelant celle du chlore. Il est 3 fois plus lourd que l'eau : M = 3g,18 à 0°. L'alcool, le sulfure de carbone le dissolvent facilement en se colorant en rouge ; mais sa solubilité dans l'eau est très faible.

Le brome bout à 63° ; déjà à la température ordinaire, il émet de lourdes vapeurs rouges, qui sont très dangereuses à respirer, à cause de leur action irritante sur les organes respiratoires.

Les propriétés chimiques du brome sont semblables à celles du chlore. Le phosphore, l'antimoine s'enflamment quand on les projette dans du brome (*fig.* 48). Le brome est aussi un décolorant. Il possède, comme le chlore, une grande tendance à s'unir à l'hydrogène ; mais l'acide bromhydrique HBr résultant de la combinaison ne se produit qu'à une température élevée.

Fig. 48. — Action du brome sur le phosphore.

Le brome sert à préparer le bromure de potassium, très employé en médecine et en photographie. On a recours à lui pour préparer certaines matières colorantes, telles que l'*éosine*.

58. Iode : I = 127. — L'iode est très répandu à l'état d'iodures (iodures de potassium, de sodium, de magnésium). Ces sels accompagnent les chlorures et les bromures dans les eaux de la mer et dans beaucoup d'eaux minérales.

On retire l'iode des eaux-mères des cendres de varechs. Les varechs sont des algues marines riches en bromures et en iodures, qu'elles ont puisés dans l'eau de mer ; séchées et brû-

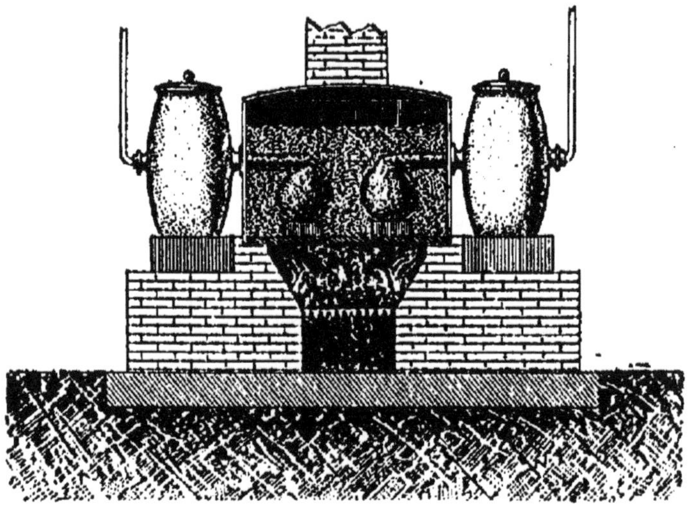

FIG. 49. — Sublimation de l'iode brut.

lées, ces algues donnent des cendres, qui sont lessivées pour en retirer divers sels de potassium et de sodium. La dissolution restant après le départ de ces sels constitue les *eaux-mères* des cendres de varechs ; elle contient les bromures et iodures, qui sont très solubles.

De ces eaux-mères on extrait d'abord l'iode en y faisant passer un courant de chlore : celui-ci décompose les iodures, et l'iode se précipite en boue noirâtre qui est lavée et séchée (*iode brut*). Après la précipitation de l'iode, les eaux-mères sont concentrées, puis chauffées avec du bioxyde de manganèse et de l'acide sulfurique pour obtenir le brome. Quant à l'iode brut, on le purifie en le sublimant dans des cornues en grès chauffées au bain de sable (*fig.* 49) ; l'iode se condense dans de grands récipients elliptiques également en grès (*iode bisublimé*).

Propriétés. — L'iode se présente en lamelles brillantes, d'un violet noir; son odeur rappelle celle du chlore, quoiqu'étant beaucoup moins vive. Il est 5 fois plus lourd que l'eau (m=4,95 à 17°).

L'iode est soluble dans l'alcool (teinture d'iode) et dans le sulfure de carbone; il communique à ce dernier liquide une belle teinte violette. Sa solubilité dans l'eau est presque nulle.

A la température ordinaire, l'iode émet déjà des vapeurs; ces vapeurs sont violettes et très lourdes; elles se condensent sur les parois froides en petits cristaux brillants. On dit que l'iode s'est *sublimé*. Les vapeurs d'iode sont dangereuses à respirer. L'iode lui-même est un irritant, qui colore la peau en jaune et produit l'inflammation des muqueuses.

Les propriétés chimiques de l'iode sont analogues à celles du brome et du chlore, mais son affinité pour l'hydrogène et pour les métaux est encore moindre que celle du brome. Son pouvoir décolorant est très faible.

L'iode est caractérisé par la coloration bleue qu'il communique à l'empois d'amidon.

Usages. — L'iode sert à préparer l'iodoforme, l'iodure de potassium. Ce dernier est très employé en médecine et en photographie. En médecine, la teinture d'iode est appliquée à l'extérieur comme résolutif contre le goitre, les affections scrofuleuses et certaines maladies de la peau.

59. Fluor : F = 19. — Le plus important des composés du fluor est le fluorure de calcium ou fluorine CaF^2, qui existe dans les os et forme des roches compactes dans certains terrains.

Les affinités énergiques du fluor avaient mis obstacle pendant longtemps à la découverte de ce gaz; c'est Moissan qui, en 1886, a réussi à l'obtenir en décomposant par la pile l'acide fluorhydrique dans un appareil en platine, métal qui n'est pas attaqué par le fluor à la température ordinaire.

Le fluor est un gaz à odeur forte rappelant celle du chlore. Ses affinités chimiques sont beaucoup plus énergiques que celles du chlore. Il s'unit à l'hydrogène, même dans l'obscurité, pour donner de l'acide fluorhydrique. Tous les métaux, sauf l'or et le platine, sont attaqués par le fluor à la température ordinaire, souvent avec incandescence.

60. Acide fluorhydrique, HF. — On prépare l'acide fluorhydrique en décomposant le fluorure de calcium par l'acide sulfurique:

$$CaF^2 + SO^4H^2 = SO^4Ca + 2HF \nearrow.$$

Cette décomposition s'effectue dans une cornue en plomb (*fig.* 50). L'acide fluorhydrique se condense dans un tube en U, également en plomb, qui est refroidi par de la glace.

Fig. 50. — Préparation de l'acide fluorhydrique.

L'acide fluorhydrique est un liquide incolore, fumant à l'air. Il bout à 19°. L'acide commercial est plus ou moins étendu d'eau; on le conserve dans des vases en gutta-percha. Son odeur est vive et piquante, et les vapeurs qu'il répand sont très irritantes pour les yeux.

L'acide fluorhydrique attaque tous les métaux, à l'exception des métaux précieux; son action sur le plomb est peu énergique. Sa propriété chimique la plus remarquable est celle de dissoudre la silice à la température ordinaire:

$$SiO^2 + 4HF = 2H^2O + SiF^4 \nearrow;$$

aussi les silicates et le verre, formé de silicates, sont-ils rapidement corrodés par cet acide.

La principale application de l'acide fluorhydrique est la gravure sur verre : l'acide liquide donne une gravure transparente, ses vapeurs une gravure mate.

Sur une plaque de verre bien propre on étend une mince couche de vernis ou de paraffine, et, à l'aide d'une pointe métallique, on trace sur cette couche sèche le dessin que l'on veut graver, en ayant soin de mettre le verre à nu. Cela fait, la plaque est exposée aux vapeurs d'acide fluorhydrique se dégageant d'une cuvette en plomb contenant une bouillie de fluorure de calcium et d'acide sulfurique et légèrement chauffée. Après un temps d'exposition suffisant, on chauffe la plaque pour enlever la paraffine, puis on lave à grande eau et on sèche.

Pour avoir une gravure transparente, on entoure d'un bourrelet de paraffine la plaque préparée comme nous l'avons dit ; puis, dans l'espèce de cuvette ainsi formée, on verse de l'acide fluorhydrique commercial. La paraffine est ensuite enlevée comme précédemment.

C'est par ces procédés que l'on grave aujourd'hui les tiges des thermomètres, les vases gradués, les objets de gobeletterie, les glaces des cafés, etc.

On utilise aussi l'acide fluorhydrique pour préparer les fluosilicates destinés à rendre imperméables les étoffes, les bois et autres matériaux légers.

RÉSUMÉ DU CHAPITRE VIII

Le brome se retire des bromures naturels. C'est un liquide rouge, à odeur irritante, soluble dans le sulfure de carbone. Ses propriétés chimiques sont semblables à celles du chlore. Il sert à préparer le bromure de potassium.

L'iode est très répandu à l'état d'iodures. Il se présente en lamelles brillantes, d'un violet noir, 5 fois plus denses que l'eau. Ses principaux dissolvants sont l'alcool et le sulfure de carbone. Il émet des vapeurs violettes, lourdes.

L'affinité de l'iode pour l'hydrogène et pour les métaux est moins grande que celle du brome. Il communique une coloration bleue à l'empois d'amidon.

L'iode sert à préparer l'iodure de potassium ; on emploie la teinture d'iode en médecine.

L'acide fluorhydrique HF est le composé hydrogéné du fluor. On prépare cet acide en décomposant le fluorure de calcium par l'acide sulfurique dans un appareil en plomb.

C'est un liquide incolore, fumant à l'air et très corrosif. Il a la propriété de dissoudre la silice, et par suite d'attaquer le verre, constitué par des silicates. On l'emploie pour graver sur verre.

II. — MÉTALLOÏDES DIVALENTS

CHAPITRE IX

SOUFRE

Symbole : S. M. atomique : 32. M. moléculaire : 64.

61. État naturel. — Le soufre a été connu de toute antiquité, car il existe à *l'état natif*, soit autour des volcans éteints, imprégnant les terres (solfatares de Pouzzolles près de Naples), soit en masses compactes, mélangées à du calcaire ou de la pierre à plâtre (soufrières de Sicile).

Le soufre est surtout répandu à l'état de *sulfures* (galène ou sulfure de plomb, blende ou sulfure de zinc) et de *sulfates* (gypse ou pierre à plâtre).

62. Extraction du soufre. — La majeure partie du soufre du commerce provient du soufre natif. Comme ce dernier n'est mélangé qu'à des matières terreuses ou bitumineuses, on le sépare facilement par la chaleur.

Procédé des calcaroni. — En Sicile, où le combustible est rare et le transport difficile, on traite le minerai sur place, et c'est le soufre lui-même qui sert de combustible. Sur un sol incliné, on construit avec le minerai une grande meule appelée *calcarone* (*fig.* 51), et on la recouvre de

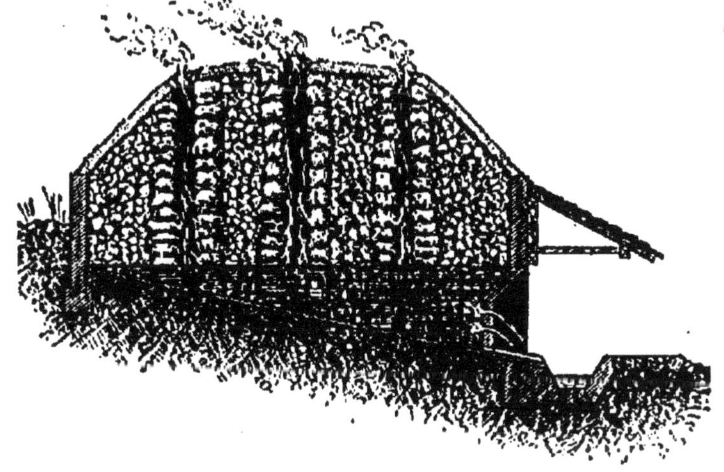

Fig. 51. — Procédé des calcaroni.

terre en laissant libres les ouvertures de quelques cheminées qui ont été ménagées dans la masse. Par ces ouvertures on introduit des branches allumées; une partie du soufre brûle; la chaleur provenant de sa combustion fait fondre l'autre partie, qui s'écoule au dehors par une ouverture ménagée à l'endroit le plus bas.

Ce procédé est expéditif, peu coûteux, mais fait perdre environ un tiers du soufre du minerai.

Extraction par distillation. — Ce procédé s'applique aux minerais pauvres provenant des solfatares. La terre soufrée est introduite dans des pots en fonte, disposés en deux rangées dans un long four sur la sole duquel on brûle du bois (*fig.* 52). Les vapeurs de soufre vont se condenser à l'état liquide dans des récipients extérieurs en fonte, d'où le soufre fondu s'écoule dans un petit réservoir.

Fig. 52. — Extraction du soufre par distillation.

Ces procédés ne peuvent fonctionner qu'une partie de l'année à cause du dégagement de gaz sulfureux qui brûle les récoltes. Le procédé Latour du Breuil, appliqué en Sicile et en Grèce, permet le travail pendant toute l'année. On traite le minerai, contenu dans des paniers en tôle, par une dissolution de chlorure de calcium portée à 125°. Le soufre fondu est retiré de la chaudière par décantation et la dissolution saline sert continuellement.

Raffinage du soufre. — Le soufre obtenu par les méthodes précédentes est appelé soufre brut ; il renferme de 3 à 4 °/₀ d'impuretés, dont on le débarrasse en le raffinant. En France, le raffinage s'effectue principalement à Marseille.

Le soufre brut est introduit dans une chaudière en fonte A (*fig.* 53), chauffée par la chaleur perdue du foyer ; quand il est fondu, on le fait écouler dans une chaudière inférieure B, chauffée directement par le foyer. Les vapeurs de soufre qui s'en échappent se rendent dans une grande chambre en maçonnerie, sur les parois de laquelle elles se condensent d'abord en poudre très légère, constituant la *fleur de soufre*. Mais ces parois s'échauffent peu à peu et finissent par acquérir une température supérieure au point de fusion du soufre ; dès lors, les vapeurs se condensent à l'état de soufre liquide, qui se rassemble sur le sol incliné de la

FIG. 53. — Raffinage du soufre brut.

chambre. Par une ouverture que l'on débouche de temps à autre, on le fait écouler dans une petite chaudière, d'où il est coulé dans des moules en bois entourés d'eau froide. On obtient ainsi le *soufre en canons.*

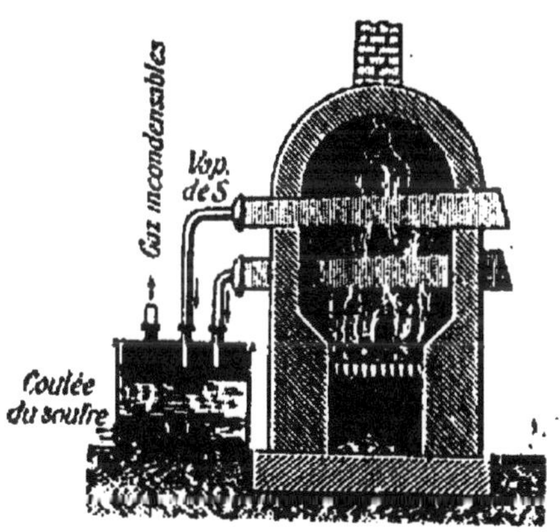

FIG. 54. — Extraction du soufre des pyrites.

On obtient aussi du soufre en utilisant l'action de la chaleur sur les sulfures métalliques (pyrites de fer FeS^2, blende ZnS). Le sulfure de fer, par exemple, perd le tiers de son soufre quand on le chauffe à l'abri de l'air :

$$3FeS^2 = Fe^3S^4 + 2S.$$

La pyrite est chauffée dans des cornues en poterie (*fig.* 54).

Les vapeurs de soufre se rendent dans un récipient en fonte contenant de l'eau froide.

Enfin on retire du soufre des résidus provenant de la fabrication des soudes du commerce.

63. **Propriétés physiques.** — Le soufre est jaune citron, cassant, inodore. Sa masse spécifique est 2g,07 (soufre naturel cristallisé). Il est mauvais conducteur de la chaleur et de l'électricité ; ainsi un canon de soufre plongé dans l'eau chaude fait entendre des craquements dus à ce que les couches extérieures se dilatent et se séparent des parties intérieures non échauffées ; d'un autre côté, un canon de soufre frotté avec un morceau de drap s'électrise et attire les corps légers.

Le soufre est insoluble dans l'eau, il se dissout assez facilement dans la benzine, dans le pétrole. Son dissolvant par excellence est le sulfure de carbone, qui en dissout beaucoup plus à chaud qu'à froid. En laissant évaporer lentement la dissolution saturée à chaud, on obtient des cristaux octaédriques (*fig.* 56) appartenant au système du

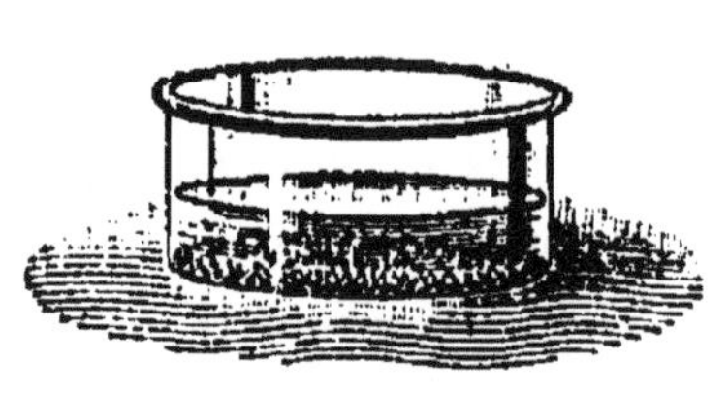

Fig. 55. — Soufre octaédrique.

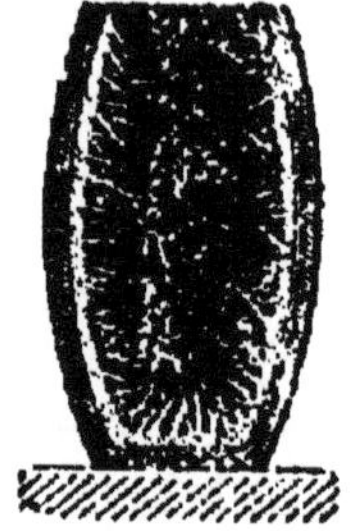

Fig. 56. — Soufre prismatique.

prisme droit à base rectangle. La cristallisation par fusion (7) donne de longues aiguilles (*fig.* 56), qui sont en réalité des prismes obliques à base rhombe. Le soufre cristallise ainsi dans deux systèmes différents : c'est donc un corps *dimorphe* (8).

Action de la chaleur. — Le soufre fond vers 114° en un liquide jaunâtre, très fluide. Cette fluidité diminue à mesure que l'on continue à chauffer, en même temps que le liquide se colore en rouge brun. A 220° on a une masse brune, dont la viscosité est telle que l'on peut retourner le vase qui la contient sans qu'il y ait écoulement. Un peu au delà de 230°, le soufre peut de nouveau couler, mais il conserve sa couleur brune. Enfin à 447°, il entre en ébullition et émet des vapeurs rouges brunes, très lourdes.

En laissant refroidir lentement du soufre chauffé au delà de son point d'ébullition, on observe en sens inverse les mêmes changements de couleur et de fluidité. Si l'on refroidit brusquement, en le versant dans l'eau froide, du soufre qui est encore au delà de 230°, on obtient du soufre mou formé de fils rougeâtres élastiques comme du caoutchouc.

64. **Propriétés chimiques.** — Le soufre est *combustible*: il s'enflamme à l'air vers 250° et brûle avec une flamme bleue en donnant un gaz à odeur suffocante, l'anhydride sulfureux SO^2. Cette combustion est beaucoup plus brillante dans l'oxygène pur (35).

Action sur les métaux. — A l'exception de l'or, du platine et de l'aluminium, tous les métaux se combinent au soufre à des températures plus ou moins élevées. Si l'on chauffe un mélange de tournure de cuivre et de fleur de soufre (*fig.* 57), il devient incandescent et se transforme en sulfure de cuivre noir.

Fig. 57. — Action du soufre sur le cuivre.

Un mélange intime de fleur de soufre et de limaille de fer

projeté dans une cuiller en fer portée au rouge devient incandescent et se transforme en sulfure de fer FeS. Ce dégagement de chaleur peut être mis en évidence sous une autre forme ; dans un ballon muni d'un tube effilé (*fig.* 58), on introduit du soufre en fleur, de la limaille de fer et un peu d'eau tiède ; au bout d'un quart d'heure, la masse s'échauffe et un jet continu de vapeur d'eau s'échappe avec force par le tube effilé. C'est l'expérience connue sous le nom de volcan de Lémery.

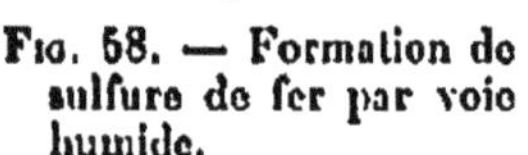

Fig. 58. — Formation de sulfure de fer par voie humide.

Enfin un mélange de 1 p. de soufre en fleur et de 2 p. de zinc en limaille s'enflamme au contact d'une allumette et brûle avec une flamme bleue accompagnée de fumées épaisses.

Action sur les composés. — A cause de son affinité pour l'oxygène, le soufre décompose un certain nombre de composés oxygénés, comme l'acide azotique, l'acide sulfurique, etc. Si l'on chauffe dans un tube à essais un fragment de soufre avec de l'acide sulfurique concentré, on constate rapidement un dégagement de gaz sulfureux. Si l'on projette un fragment de soufre dans un tube à essais contenant du chlorate de potassium préalablement fondu, il brûle avec une flamme éblouissante.

65. Usages. — Le *soufre en canons*, qui est le soufre le plus pur, sert à préparer les poudres, l'acide sulfurique pur, le gaz sulfureux, le sulfure de carbone, les hyposulfites, le caoutchouc factice par cuisson avec des huiles végétales, à soufrer les allumettes, à sceller le fer dans la pierre. Associé au caoutchouc, il lui donne de la dureté (caoutchouc vulcanisé). Si la proportion de soufre atteint

25 %, le caoutchouc est dur comme l'ivoire; on l'emploie en électricité comme isolant sous le nom d'*ébonite*.

Le *soufre en fleur* est employé pour combattre l'oïdium de la vigne; pour préparer les mèches soufrées que l'on brûle dans les tonneaux; pour éteindre les feux de cheminée; pour préparer certains sulfures (vermillon, or mussif, etc.).

En médecine, on utilise contre la gale et autres maladies de la peau des pommades faites avec du soufre.

RÉSUMÉ DU CHAPITRE IX

Le *soufre* se rencontre à l'état natif, mélangé aux terres volcaniques (solfatares) ou en masses compactes, ou encore à l'état de sulfures. En Sicile, on construit des meules (calcaroni) avec le soufre natif et on y met le feu; une partie du soufre brûle, fournissant ainsi la chaleur nécessaire à la fusion de l'autre partie. La terre soufrée est distillée dans des pots en fonte. Le soufre brut obtenu par ces méthodes est raffiné par distillation et fournit successivement le soufre en fleur et le soufre en canons.

Le soufre est jaune citron, cassant, mauvais conducteur. Son meilleur dissolvant est le sulfure de carbone. Il fond vers 114° en un liquide jaune fluide qui, lorsque la température s'élève, devient brun et visqueux, puis redevient fluide et finalement se réduit en vapeurs à 447°.

Le soufre brûle avec une flamme pâle en donnant du gaz sulfureux. Il se combine avec la plupart des métaux à une température plus ou moins élevée; avec le fer, le cuivre, il y a incandescence.

Le soufre sert principalement à fabriquer la poudre et quelques composés importants, comme le gaz sulfureux, l'acide sulfurique, etc. Le soufre en fleur est surtout employé pour le soufrage des vignes.

CHAPITRE X

ACIDE SULFHYDRIQUE

Formule : H^2S. M. moléculaire : 34.

66. État naturel. — Le gaz acide sulfhydrique est quelquefois appelé *hydrogène sulfuré*; on l'appelle *air puant* à cause de son odeur infecte, il fait partie des gaz qui se dégagent des volcans. Il existe dans certaines eaux minérales (Barèges, Enghien) et leur communique une odeur d'œufs pourris. Il s'en produit toutes les fois que des matières organiques sulfurées entrent en putréfaction : les œufs pourris, les égouts, les fosses d'aisances, etc., sont des sources d'acide sulfhydrique.

67. Préparation. — *On prépare l'acide sulfhydrique en décomposant le sulfure de fer par l'acide sulfurique étendu.*

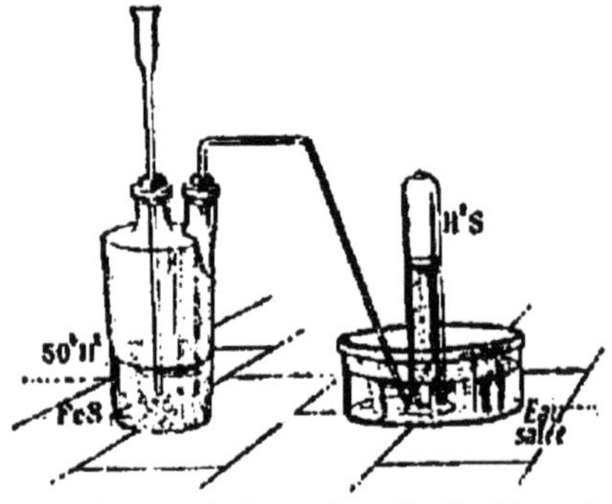

Fig. 59. — Préparation de l'acide sulfhydrique par le sulfure de fer.

Dans un appareil à hydrogène (*fig.* 59), on introduit du sulfure de fer concassé et de l'eau, puis on verse de l'acide sulfurique par le tube à entonnoir. A cause de sa solubilité dans l'eau, on recueille le gaz sur le mercure, ou à défaut, sur l'eau salée.

Le résidu de la préparation est du sulfate de fer, qui se dissout dans l'eau du flacon :

$$FeS + SO^4H^2 = SO^4Fe + H^2S \nearrow.$$

L'acide sulfhydrique ainsi obtenu est presque toujours mélangé d'hydrogène ; cela tient à ce que le sulfure de fer, préparé par union directe de la limaille de fer et de la fleur de soufre, renferme du fer libre qui réagit sur l'acide sulfurique.

Pour avoir de l'acide sulfhydrique *pur*, on chauffe du sulfure d'antimoine avec de l'acide chlorhydrique concentré dans un ballon de verre (*fig.* 60) :

$$Sb^2S^3 + 6HCl = 2SbCl^3 + 3H^2S \nearrow.$$

Le gaz qui se dégage est lavé dans un flacon où il se débarrasse de l'acide chlorhydrique entraîné, puis il est desséché sur du chlorure de calcium et recueilli sur le mercure.

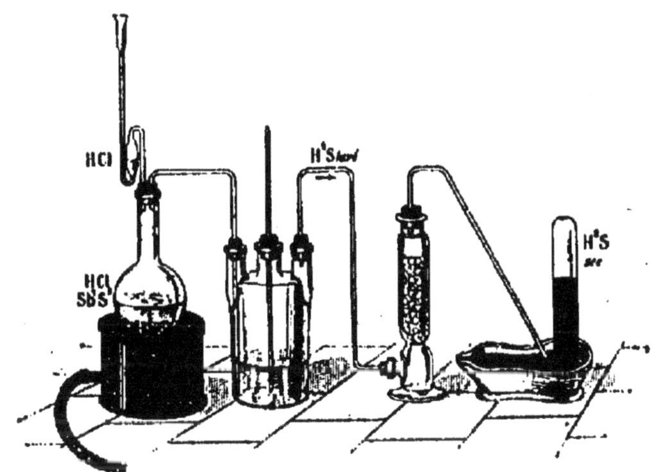

Fig. 60. — Préparation de l'acide sulfhydrique pur.

68. Propriétés physiques. — L'acide sulfhydrique est un gaz incolore, à odeur fétide rappelant celle des œufs pourris. Sa densité est 1,19.

Un litre d'eau dissout 3· de ce gaz à la température ordinaire. Si l'on introduit un peu d'eau dans une éprouvette pleine d'acide sulfhydrique et si l'on agite fortement, l'éprouvette reste adhérente à la main.

Liquéfaction. — Soumis à une pression de 17 kilogrammes, l'acide sulfhydrique se transforme en un liquide incolore qui, à —85°, se prend en une masse blanche ressemblant à de la glace.

Action sur l'organisme. — L'acide sulfhydrique est un poison violent. Une très petite quantité de ce gaz suffit pour infecter une salle et provoquer des accidents. Respiré à faible dose, il produit une sensation de malaise, suivie de vertige. Quand il se dégage brusquement en grande quantité, comme à l'ouverture des fosses d'aisances, il peut causer une mort foudroyante ; les vidangeurs l'appellent le plomb, à cause du poids énorme qui semble brusquement comprimer leur poitrine quand ils respirent ce gaz.

On remédie aux accidents causés par l'acide sulfhydrique en faisant respirer au malade du chlore très dilué, ou mieux de l'oxygène pur.

69. Propriétés chimiques. — L'acide sulfhydrique est un *acide faible* colorant le tournesol en rouge vineux.

Il est *combustible* et brûle avec une flamme pâle, peu éclairante, en donnant de l'eau et du gaz sulfureux :

$$H^2S + 3O = H^2O + SO^{2-v}.$$

Cette équation exprime que la combustion complète de 2 vol. d'acide sulfhydrique exige 3 vol. d'oxygène ; un mélange des deux gaz dans cette proportion détone au contact d'une flamme.

Si l'on enflamme de l'acide sulfhydrique dans une éprouvette étroite, la combustion est incomplète, car l'air n'arrive pas en quantité suffisante ; il se dépose alors du soufre sur les parois :

$$2H^2S + 4O = 2H^2O + S + SO^{2-v}.$$

Action des métalloïdes. — En présence de l'eau, l'*oxygène* décompose l'acide sulfhydrique à la température ordinaire avec dépôt de soufre ; c'est pourquoi la dissolution d'acide sulfhydrique se prépare avec de l'eau privée d'air par l'ébullition et se conserve dans des flacons pleins et bien bouchés.

En présence des corps poreux légèrement chauffés, l'acide sulfhydrique est oxydé plus complètement et transformé en acide sulfurique :

$$H^2S + 4O = SO^4H^2.$$

On explique ainsi la corrosion rapide des rideaux dans les établissements d'eaux thermales sulfureuses (Aix-les-Bains).

Le *chlore* décompose instantanément l'acide sulfhydrique : $H^2S + 2Cl = 2HCl + S$;

de là son emploi comme désinfectant. Versons un peu d'eau de chlore dans une éprouvette pleine de gaz sulfhydrique et agitons ; l'odeur de ce dernier disparaîtra et nous observerons en même temps un dépôt de soufre.

Action des métaux. — La plupart des métaux décomposent l'acide sulfhydrique ; ils s'emparent du soufre et mettent l'hydrogène en liberté.

Un fragment de sodium légèrement chauffé décompose l'acide sulfhydrique :

$$H^2S + Na = NaHS + H\nearrow.$$

Une pièce d'argent humide introduite dans du gaz sulfhydrique noircit rapidement. Le cuivre se recouvre d'une mince couche de sulfure de cuivre d'un noir bleuâtre.

Action sur les composés. — A cause de l'hydrogène qu'il contient, l'acide sulfhydrique exerce une action réductrice sur beaucoup de composés, tels que l'acide azotique, l'acide sulfurique, le gaz sulfureux, etc.

Si l'on verse quelques centimètres cubes d'acide azotique fumant dans une éprouvette pleine de gaz sulfhydrique, il se produit un dépôt de soufre accompagné de vapeurs rouges de peroxyde d'azote AzO^2 :

$$2AzO^3H + H^2S = S + 2H^2O + 2AzO^2\nearrow.$$

L'acide sulfhydrique décompose un certain nombre de sels métalliques en dissolution et donne des sulfures insolubles, dont la couleur dépend de la nature du métal que contiennent ces sulfures. Avec les sels de plomb, il se précipite du sulfure de plomb noir. Cette dernière réaction est fréquemment utilisée pour reconnaître la présence de l'acide sulfhydrique.

70. Caractères. — L'acide sulfhydrique peut être facilement décelé par les caractères suivants : il a une odeur d'œufs pourris et brûle avec une flamme bleue accompagnée d'une odeur de gaz sulfureux ; enfin il noircit un papier qui a été imprégné d'une dissolution d'acétate de plomb.

71. Usages. — L'acide sulfhydrique est employé comme réactif pour l'analyse des sels métalliques. On l'utilise quelquefois pour détruire les animaux nuisibles comme les rats, les guêpes, etc. ; on peut, pour cet usage, préparer ce gaz en chauffant de la fleur de soufre avec du suif ou de l'huile.

RÉSUMÉ DU CHAPITRE X

L'*acide sulfhydrique* H^2S se produit principalement dans la putréfaction des matières organiques sulfurées. On le prépare en décomposant, dans un appareil à hydrogène, le sulfure de fer artificiel par l'acide sulfurique étendu ; on le recueille sur l'eau salée.

L'acide sulfhydrique est un gaz à odeur d'œufs pourris ; l'eau en dissout 3 fois son volume à la température ordinaire. C'est un poison violent. Il a une réaction acide faible. Il brûle avec une flamme bleuâtre, en donnant de l'eau et du gaz sulfureux.

Parmi les métalloïdes, le chlore décompose immédiatement l'acide sulfhydrique ; de là son emploi comme désinfectant. La plupart des métaux forment un sulfure et mettent l'hydrogène en liberté.

L'acide sulfhydrique réduit un certain nombre de composés oxygénés, comme l'acide azotique, l'acide sulfurique, etc. Il forme avec quelques dissolutions de sels métalliques des sulfures insolubles (sulfure de plomb noir avec les sels de plomb).

On l'emploie comme réactif et pour détruire les animaux nuisibles.

CHAPITRE XI

COMPOSÉS OXYGÉNÉS DU SOUFRE

72. Composés oxygénés du soufre. — Les principaux composés oxygénés du soufre sont l'*anhydride sulfureux* SO^2, auquel correspond l'acide sulfureux SO^3H^2, et l'*acide sulfurique* SO^4H^2, correspondant à l'anhydride sulfurique SO^3.

Les composés oxygénés du soufre sont très nombreux. Outre

les précédents, on connaît : l'*acide hydrosulfureux* SO^2H^2 ; l'*acide hyposulfureux* $S^2O^3H^2$ (connu à l'état de sels) ; l'*anhydride persulfurique* S^2O^7, auquel correspond l'acide persulfurique SO^4H ; enfin quatre acides composant la *série thionique* : acides di, tri, tétra, pentathioniques $S^2O^6H^2$, $S^3O^6H^2$, $S^4O^6H^2$, $S^5O^6H^2$.

ANHYDRIDE SULFUREUX

Formule : SO^2. M. moléculaire : 64.

73. État naturel. — L'anhydride sulfureux, appelé aussi *gaz sulfureux*, est le produit de la combustion du soufre à l'air. L'odeur irritante de ce gaz l'a fait remarquer de tout temps.

Il fait partie des émanations gazeuses volcaniques. On le rencontre fréquemment dans l'atmosphère des grands centres industriels, à cause de sa production dans certaines industries chimiques et dans la combustion des houilles pyriteuses.

74. Préparation. — *L'anhydride sulfureux se prépare*

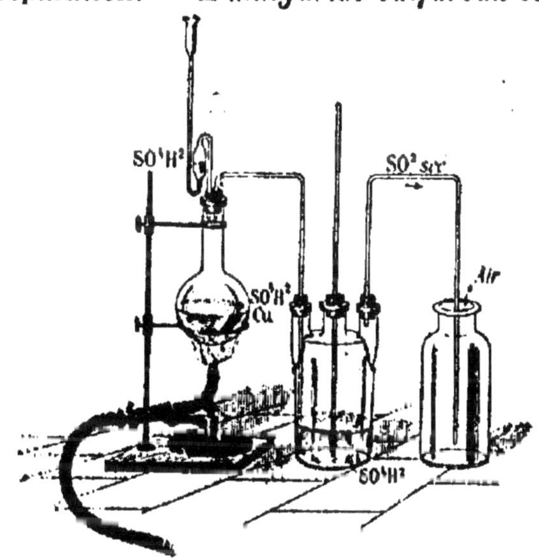

Fig. 61. — Préparation du gaz sulfureux.

en réduisant partiellement l'acide sulfurique par le mer-

cure ou le cuivre. Le résidu est du sulfate de mercure ou du sulfate de cuivre suivant le métal employé :

$$Hg + 2SO^4H^2 = SO^4Hg + 2H^2O + SO^{2-\nearrow},$$

$$Cu + 2SO^4H^2 = SO^4Cu + 2H^2O + SO^{2-\nearrow}.$$

On introduit du mercure ou du cuivre en lames dans un ballon muni d'un tube de sûreté et d'un tube à dégagement (*fig.* 61). On verse de l'acide sulfurique par le tube de sûreté et on chauffe modérément. Le gaz sulfureux se dessèche dans un flacon laveur contenant un peu d'acide sulfurique concentré ; comme il est très soluble dans l'eau, on le recueille soit sur le mercure, soit, en utilisant sa grande densité, par déplacement d'air dans des flacons très secs.

Dissolution. — Elle se prépare en disposant à la suite de l'appareil précédent un second flacon laveur aux 3/4 rempli d'eau qui a été privée d'air par ébullition. Le ballon contient de l'acide sulfurique et du charbon de bois ou simplement de la sciure de bois : l'emploi du charbon est très économique, et le gaz carbonique qu'il dégage en même temps que le gaz sulfureux est ici sans inconvénient :

$$C + 2SO^4H^2 = CO^{2-\nearrow} + 2SO^{2-\nearrow} + 2H^2O.$$

Dans l'*industrie*, le gaz sulfureux est obtenu soit par la combustion du soufre, soit par le grillage des pyrites, soit enfin en réduisant l'acide sulfurique par le soufre. La pyrite de fer FeS^2, chauffée au rouge dans un courant d'air, laisse un résidu d'oxyde ferrique Fe^2O^3 :

$$2FeS^2 + 11\,O = Fe^2O^3 + 4SO^{2-\nearrow}.$$

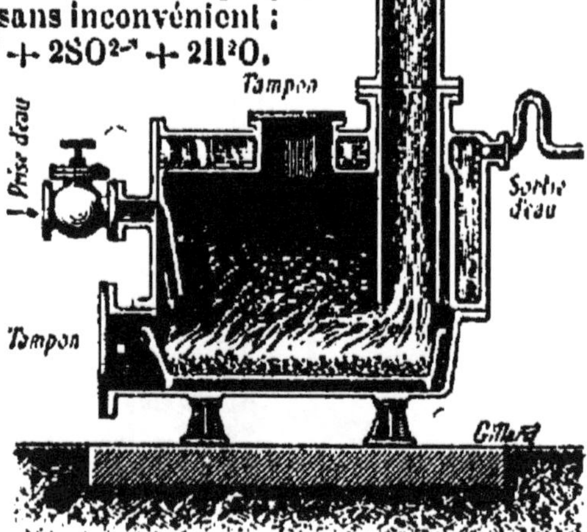

FIG. 62. — Appareil à préparer le gaz sulfureux par la combustion du soufre.

Pour la combustion du soufre, on emploie un foyer en fonte (*fig.* 62), muni d'une enveloppe à circulation d'eau pour refroidir ; il contient un bac à soufre amovible et porte un tampon de visite et un robinet de prise d'air. Cet air est lancé par une petite pompe et vient lécher le soufre enflammé préalablement.

75. **Propriétés physiques.** — Le gaz sulfureux est incolore ; son odeur est suffocante, sa saveur acide et désagréable. Il a pour densité 2,24. L'eau en dissout 50 fois son volume à 15° ; si l'on introduit un peu d'eau dans une éprouvette pleine de gaz sulfureux et que l'on agite fortement, l'éprouvette reste adhérente à la main.

Liquéfaction. — L'anhydride sulfureux se liquéfie à — 10° sous la pression atmosphérique.

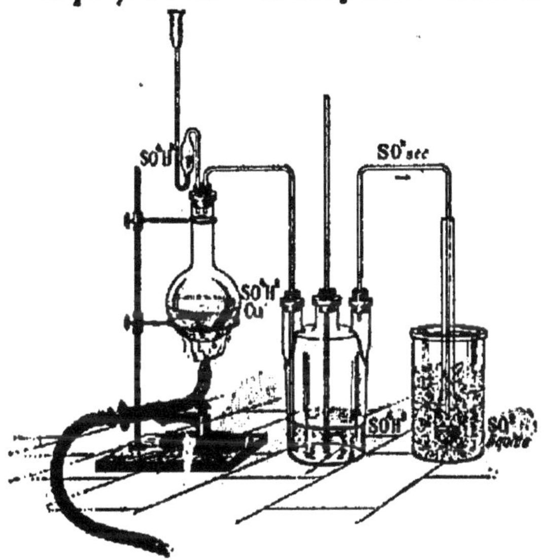

Fig. 63. — Liquéfaction du gaz sulfureux.

Dans les laboratoires, on fait arriver le gaz pur et sec au fond d'un matras entouré d'un mélange de glace et de sel (*fig.* 63) ; ce mélange refroidit le gaz à — 15° et amène sa liquéfaction.

Dans l'industrie, l'anhydride sulfureux obtenu par l'action de l'acide sulfurique sur le soufre chauffé à 400°, est desséché sur de l'acide sulfurique concentré, puis envoyé dans un récipient refroidi à — 10°, où il se liquéfie. On le conserve dans des siphons à eau de Seltz, car sa tension de vapeur ne dépasse pas 3 kilogrammes à la température ordinaire.

L'évaporation rapide de l'anhydride sulfureux à l'air peut abaisser la température à —60°, ce qui permet de congeler le mercure. Pour cela on fait plonger le tube contenant du mercure dans de l'anhydride sulfureux liquide (*fig.* 64) et, à l'aide d'un soufflet, on fait passer dans celui-ci un fort courant d'air. La solidification est obtenue assez rapidement; on brise le tube, et le culot de mercure solide peut être martelé pendant quelques minutes avec un manche de bois. L'éprouvette renfermant l'anhydride sulfureux liquide est supportée par un flacon dans lequel on a introduit un peu de chaux vive afin de dessécher l'air qu'il contient et supprimer ainsi la formation de givre à la surface extérieure de l'éprouvette.

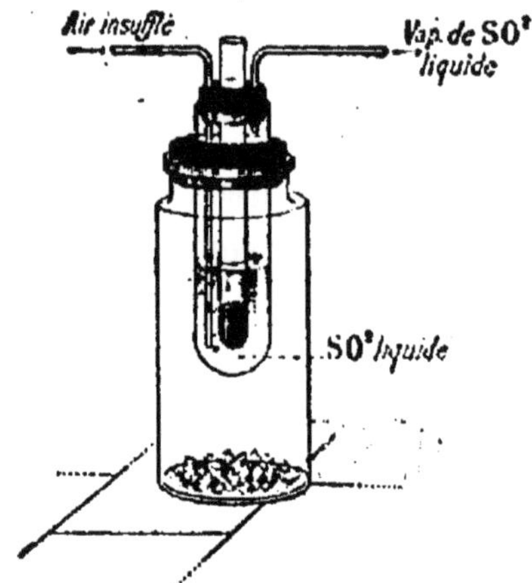

Fig. 64. — Solidification du mercure.

Action sur l'organisme. — Le gaz sulfureux est irrespirable. Introduit dans les voies respiratoires, il provoque une toux opiniâtre accompagnée d'une oppression pénible ; aussi est-il prudent de ne faire que de courtes inspirations quand on se trouve auprès des appareils qui le produisent.

76. Propriétés chimiques. — L'anhydride sulfureux n'est pas combustible et il éteint instantanément les corps en combustion.

L'*hydrogène* le réduit, car il dégage plus de chaleur que le soufre en se combinant à l'oxygène. Dans un verre à pied, mettons de la grenaille de zinc, de l'eau et de l'acide sulfurique, puis ajoutons quelques gouttes d'une dissolution de gaz sulfureux ; l'effervescence diminue, et il se dégage de l'hydrogène sulfuré, reconnaissable à son odeur et à son action sur un papier imprégné d'acétate de plomb :

$$SO^2 + 6H = 2H^2O + H^2S \nearrow.$$

L'*oxygène*, en présence de l'eau, réagit lentement sur le gaz sulfureux à la température ordinaire et le transforme en acide sulfurique :

$$SO^2 + H^2O + O = SO^4H^2.$$

C'est pour cela que la dissolution de gaz sulfureux doit être faite avec de l'eau bouillie et conservée dans des flacons bien bouchés.

Action sur les composés. — Cette tendance du gaz sulfureux à s'emparer de l'oxygène en présence de l'eau en fait un réducteur énergique : si l'on verse quelques gouttes d'*acide azotique fumant* dans une éprouvette pleine de gaz sulfureux, il y a production de vapeurs rouges de peroxyde d'azote AzO^2.

$$2AzO^3H + SO^2 = SO^4H^2 + 2AzO^2.$$

La dissolution rouge de *permanganate de potassium* MnO^4K est décolorée par le gaz sulfureux ; il se forme des sulfates de potassium et de manganèse, incolores.

Enfin un grand nombre de matières colorantes sont décolorées par le gaz sulfureux, mais le plus souvent sans être détruites. C'est ainsi que des violettes deviennent blanches dans une dissolution de gaz sulfureux, mais verdissent ensuite si on les lave à l'eau ammoniacale, ou se colorent en rose si on les traite par l'acide sulfurique étendu.

77. Caractères. — Le gaz sulfureux est reconnaissable aux caractères suivants :

1° il a une odeur suffocante et est très soluble dans l'eau ;
2° il éteint les corps en combustion ;
3° il décolore le permanganate de potassium ;
4° il est facilement absorbé par la potasse.

78. Usages. — Le gaz sulfureux est employé pour préparer l'acide sulfurique, pour blanchir la laine, la soie ;

enlever les taches de vin sur les étoffes, etc. C'est un antiseptique puissant utilisé pour désinfecter les objets de literie, assainir les hôpitaux, détruire les germes de fermentation dans les tonneaux, faire des fumigations contre les parasites de la peau.

L'anhydride sulfureux liquide sert à la fabrication de la glace.

79. Acide sulfureux SO^3H^2. — L'acide sulfureux n'a pas été isolé, mais on admet son existence dans la dissolution du gaz sulfureux. Celle-ci rougit fortement le tournesol, puis le décolore ; traitée par la potasse ou la soude, elle donne un sulfite SO^3K^2 ou SO^3Na^2.

Les 2 atomes d'hydrogène que renferme l'acide sulfureux pouvant être remplacés par un métal, c'est un *acide bibasique.* Si le métal est divalent, il prend la place des deux atomes d'hydrogène ; ex. : sulfite de calcium SO^3Ca. Si le métal est monovalent, on peut obtenir successivement un sulfite acide et un sulfite neutre ; ex : sulfite acide de potassium SO^3KH, sulfite neutre de potassium SO^3K^2.

ACIDE SULFURIQUE

Formule : SO^4H^2. M. moléculaire : 98.

80. État naturel. — L'acide sulfurique, connu autrefois sous le nom d'*huile de vitriol,* se rencontre en petite quantité dans certaines eaux volcaniques, et dans les eaux de pluie des grands centres industriels où il résulte de l'oxydation du gaz sulfureux en présence de l'eau. Il est très répandu à l'état de sulfates, principalement de sulfate de calcium hydraté (gypse ou pierre à plâtre).

81. Production d'acide sulfurique dans les laboratoires. — La préparation de l'acide sulfurique est fondée *sur l'oxydation du gaz sulfureux en présence de l'eau* (76) :

$$SO^2 + O + H^2O = SO^4H^2.$$

L'oxygène nécessaire, bien qu'emprunté à l'air, n'est fixé sur le gaz sulfureux que par l'intermédiaire de composés oxygénés de l'azote.

On peut obtenir une petite quantité d'acide sulfurique de la manière suivante : dans un grand ballon dont le fond contient un peu d'eau, on fait arriver un courant d'oxyde azotique AzO (*fig.* 65) ; ce gaz, au contact de l'air du ballon,

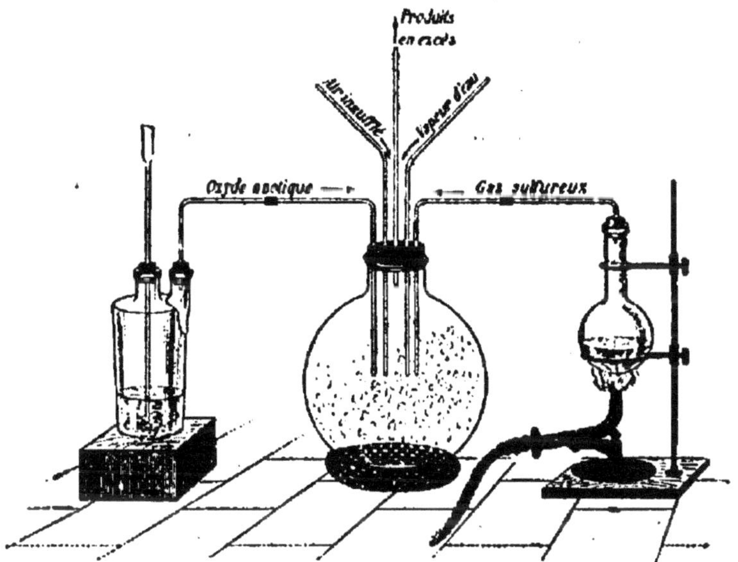

Fig. 65. — Production d'acide sulfurique dans les laboratoires.

se transforme immédiatement en vapeurs rouges de composés de l'azote plus riches en oxygène. On envoie alors un courant de gaz sulfureux dans le ballon, en même temps que l'on y insuffle de l'air ; l'atmosphère du ballon se décolore et ses parois se tapissent peu à peu de grands cristaux qui portent le nom de *cristaux des chambres de plomb*, $SO^4H.AzO$:

$$2SO^2 + 3O + 2AzO + H^2O = 2(SO^4H.AzO).$$

Par une introduction de vapeur d'eau, ces cristaux disparaissent instantanément en donnant de l'acide sulfurique et en dégageant d'abondantes vapeurs rouges :

$$2(SO^4H.AzO) + H^2O = 2SO^4H^2 + Az^2O^3.$$

On peut alors constater la présence de l'acide sulfurique dans l'eau du ballon en y versant un peu de chlorure de baryum.

Ces deux réactions successives : formation des cristaux des chambres de plomb et leur transformation en acide sulfurique, peuvent être reproduites indéfiniment en suivant la même marche.

82. Industrie de l'acide sulfurique. — Dans l'industrie, les réactions précédentes s'effectuent dans de vastes chambres, dites *chambres de plomb*, où se trouvent réunis le gaz sulfureux, l'air, la vapeur d'eau et les vapeurs nitreuses.

Fig. 66. — Four pour le grillage des pyrites en poudre.

1° *Production du gaz sulfureux.* — Le gaz sulfureux s'obtient, soit par la combustion du soufre, soit le plus souvent par le grillage des pyrites (62). La pyrite, étalée sur une série de tablettes superposées, est grillée par un courant d'air ascendant (*fig.* 66). On met en marche par un feu de bois sur la sole

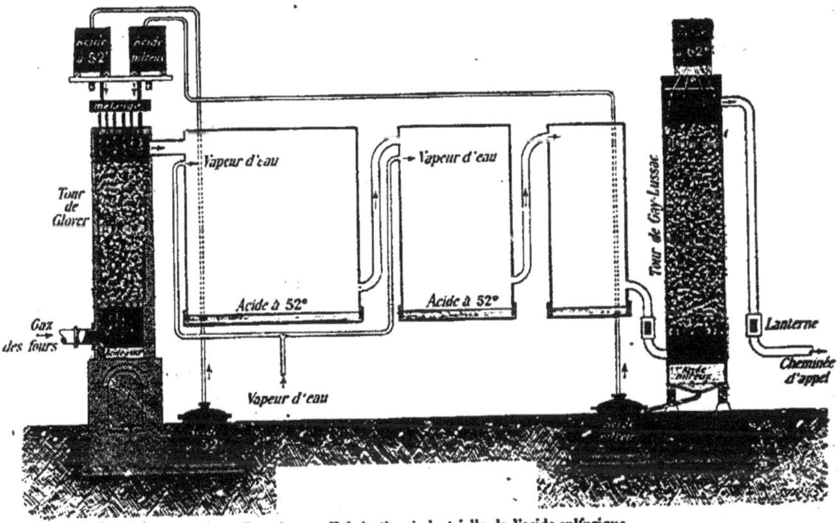

Fig. 67. — Fabrication industrielle de l'acide sulfurique.

inférieure, après quoi le four s'entretient seul. De temps à autre, on fait tomber dans la cave la pyrite de la tablette inférieure, puis chaque couche de pyrite est descendue d'un étage et la tablette supérieure reçoit de la pyrite fraîche.

Sur le collecteur du gaz sulfureux se trouvent des marmites en fonte contenant de l'azotate de sodium et de l'acide sulfurique ; elles dégagent des vapeurs d'acide azotique qui, en présence du gaz sulfureux, sont réduites avec formation de vapeurs nitreuses (76).

Les gaz qui s'échappent des fours à pyrite traversent d'abord une chambre en maçonnerie où ils se débarrassent des poussières entraînées, puis se rendent à la partie inférieure de la tour de Glover.

2° *Tour de Glover.* — C'est une tour en plomb, revêtue intérieurement de briques siliceuses ; elle est remplie de fragments de coke (*fig.* 67). A sa partie supérieure sont deux cuves renfermant, l'une de l'acide sulfurique que l'on a retiré des chambres de plomb et qui marque 52° à l'aréomètre de Baumé, l'autre de l'acide sulfurique nitreux (dont nous verrons plus loin la provenance). Ces deux acides mélangés sont répandus en pluie sur le coke de la tour et circulent en sens inverse des gaz chauds provenant des fours à pyrites.

Ces gaz, qui étaient à plus de 300° au bas de la tour, en sortent à une température égale à environ 70° ; de plus, pendant le trajet ils ont absorbé les produits nitreux de l'acide sulfurique nitreux et ils ont concentré jusqu'à 60° Baumé l'acide qui était à 52°.

3° *Chambres de plomb.* — Les chambres de plomb, ordinairement au nombre de trois, sont de vastes parallélépipèdes en charpente, doublés intérieurement de feuilles de plomb. Leur capacité totale peut atteindre 5000 mètres cubes. Elles reposent chacune sur une cuvette en plomb dans laquelle s'accumule l'acide formé et communiquent entre elles par des tuyaux en plomb.

Les gaz sortant de la tour de Glover pénètrent dans la première chambre par la partie supérieure. Dans cette chambre et dans la suivante, ils se trouvent en contact avec de la vapeur d'eau, injectée en quantité convenable à travers les parois verticales, et donnent de l'acide sulfurique. Cet acide se rassemble dans les cuvettes qui supportent les chambres ; il marque de 50 à 52° à l'aréomètre de Baumé. La troisième chambre est plus petite que les précédentes et ne reçoit pas de vapeur d'eau ; c'est là que l'acide sulfurique achève de se condenser.

4° *Condenseur de Gay-Lussac.* — Les gaz qui s'échappent de la dernière chambre de plomb sont : de l'azote, une petite quantité d'oxygène non utilisé, et des vapeurs nitreuses qui leur

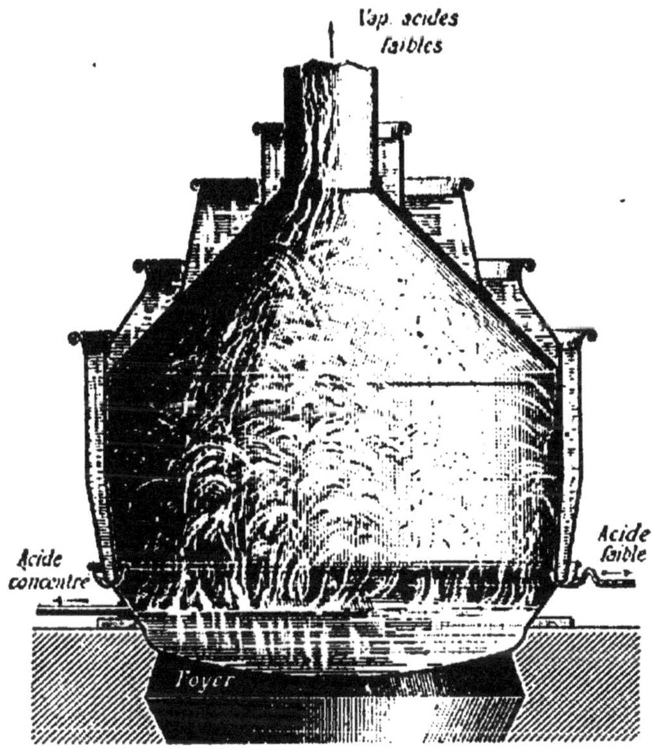

Fig. 68. — Appareil à concentrer l'acide sulfurique.

donnent une teinte rougeâtre. Il importe que ces vapeurs soient absorbées pour pouvoir ensuite rentrer dans la fabrication : c'est là le rôle du condenseur de Gay-Lussac.

Ce condenseur est une grande tour en plomb remplie de gros fragments de coke ou de briques siliceuses. A la partie supérieure tombe une pluie fine d'acide sulfurique concentré à 62° Baumé ; les gaz amenés à la partie inférieure abandonnent leurs vapeurs nitreuses à l'acide sulfurique qui circule en sens inverse et s'échappent par la cheminée d'appel complètement décolorés. Quant à l'acide qui a dissous ainsi les produits nitreux (acide sulfurique nitreux), il est recueilli au bas de la tour, d'où il est envoyé à la partie supérieure de la tour de Glover.

5° *Concentration.* — L'acide sulfurique, tel qu'il sort des chambres de plomb, a peu d'applications. Nous avons vu que la tour de Glover l'amène à 60 ou 62° Baumé ; néanmoins, pour certains usages, on a besoin d'acide pur marquant 66°. On obtient ce dernier en concentrant directement l'acide des chambres.

Cette concentration s'effectue jusqu'à 60° dans des bassines en plomb à large surface. A partir de 60°, l'acide attaque le plomb. On termine la concentration dans des alambics en platine de forme basse, montés sur un foyer et portant à la partie supérieure une gorge en forme d'U (*fig.* 68). Dans cette gorge est placée une hotte cylindro-conique en plomb, soutenue par une armature en fer ; cette hotte est munie de plusieurs collerettes soudées dans lesquelles on fait circuler de l'eau froide pour en refroidir la surface intérieure. Les vapeurs acides faibles s'échappent par le tuyau central et vont à un réfrigérant formé d'un serpentin en plomb plongé dans une bâche d'eau froide. Les petites eaux acides condensées le long des parois de la hotte rétrogradent dans la gorge et sortent par un ajutage ; elles sont renvoyées dans les chambres de plomb. L'acide concentré sort également par un ajutage.

Enfin, on concentre quelquefois l'acide sulfurique par l'emploi du vide ou de l'air chaud.

83. Propriétés physiques. — L'acide sulfurique pur est un liquide incolore, ayant la consistance de l'huile ; il est inodore et a une saveur très acide.

L'acide le plus concentré que l'on rencontre dans le commerce marque 66° à l'aréomètre de Baumé ; sa masse spécifique est 1g,85 ; il bout à 338° et se solidifie vers — 34° en cristaux incolores.

Comme l'ébullition de l'acide sulfurique se fait avec des soubresauts violents, on rend l'ébullition régulière (quand on veut concentrer de l'acide sulfurique ordinaire) en mettant dans la cornue qui contient l'acide des fragments de porcelaine et en chauffant la cornue par les côtés à l'aide d'une grille annulaire (*fig.* 69). On rejette les premières portions qui distillent.

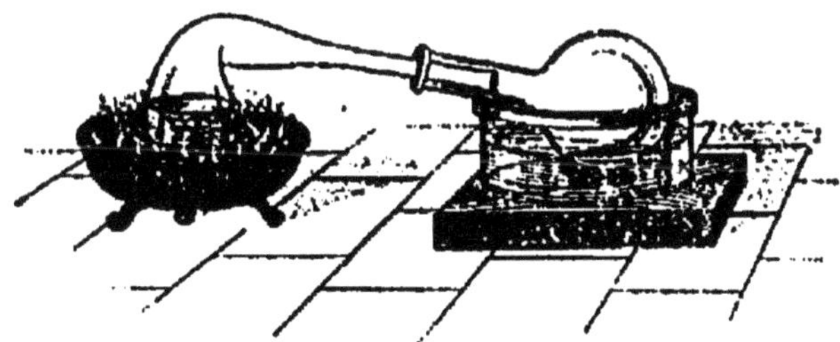

FIG. 69. — Distillation de l'acide sulfurique

La composition de l'acide à 66° correspond sensiblement à la formule $SO^4H^2 + \frac{1}{12} H^2O$. Pour éliminer cette eau, on le soumet à plusieurs congélations successives en décantant chaque fois la partie restée liquide : on obtient finalement un produit solide, fondant à 10°. C'est l'*acide sulfurique normal* SO^4H^2.

Action sur l'organisme. — L'acide sulfurique est un caustique violent, produisant sur les parties délicates de la peau des brûlures graves et profondes ; aussi faut-il le manier avec précaution et éviter d'approcher le visage des vases en verre dans lesquels on chauffe cet acide. A l'intérieur, c'est un poison violent, corrodant fortement les muqueuses et amenant rapidement la mort.

84. Propriétés chimiques. — L'acide sulfurique est un des acides les plus énergiques que l'on connaisse ; même très étendu, il donne au tournesol une coloration rouge pelure d'oignon.

La *chaleur* le décompose au rouge vif, en gaz sulfureux, oxygène et vapeur d'eau :

$$SO^4H^2 = SO^2 + O + H^2O.$$

Action des métalloïdes. — Les métalloïdes avides d'oxygène, comme l'hydrogène, le carbone, le soufre, le phosphore, décomposent l'acide sulfurique à une température plus ou moins élevée en s'emparant de tout ou partie de son oxygène :

$$C + 2SO^4H^2 = 2H^2O + CO^2 \nearrow + 2SO^2 \nearrow.$$

Action des métaux. — L'acide sulfurique attaque tous les métaux, sauf l'or et le platine. Le gaz sulfureux se prépare en chauffant du *cuivre*, du *mercure* avec cet acide concentré. Le *zinc* et le *fer* décomposent à froid l'acide étendu en dégageant de l'hydrogène. Enfin, le *plomb* ne se dissout que faiblement dans l'acide sulfurique à la température ordinaire ; mais à chaud, l'attaque est d'autant plus rapide que l'acide est plus concentré.

Action sur l'eau. — L'acide sulfurique est très avide d'eau ; exposé à l'air, il en absorbe rapidement l'humidité et augmente de volume. Mélangé directement à l'eau, il forme des hydrates en produisant une élévation de température considérable. Pour mettre ce dégagement de chaleur en évidence, on plonge dans l'eau un tube contenant de l'éther, et l'on verse peu à peu de l'acide sulfurique dans l'eau en agitant constamment ; l'éther entre bientôt en ébullition et ses vapeurs peuvent être enflammées à l'extrémité du tube.

Quand on prépare de l'acide sulfurique étendu, c'est *toujours l'acide que l'on verse dans l'eau*, et encore le verse-t-on goutte à goutte et en agitant constamment ; si l'on faisait l'inverse, chaque goutte d'eau tombant dans l'acide concentré se vaporiserait aussitôt et pourrait provoquer des projections d'acide.

La plupart des matières organiques, au contact de l'acide sulfurique concentré, perdent leur eau de constitution et sont carbonisées ; c'est ce qui fait que cet acide exposé à l'air brunit en absorbant les poussières organiques. Un morceau de sucre trempé dans l'acide concentré devient jaune brun, puis noir; des caractères tracés avec ce liquide sur du bois blanc deviennent rapidement noirs.

Fonction chimique. — L'acide sulfurique est bibasique ; un métal monovalent comme le sodium pourra donc former deux sulfates : un sulfate acide, comme SO^4NaH, et un sulfate neutre, comme SO^4Na^2 ; un métal divalent ne donnera qu'un sulfate ; ex. : sulfate de calcium SO^4Ca, sulfate de zinc SO^4Zn. La formation des sulfates dégage beaucoup de chaleur ; si l'on verse par exemple quelques gouttes d'acide sulfurique concentré sur de la baryte anhydre, elle devient incandescente et il se produit des fumées abondantes, dues à l'acide volatilisé.

85. Usages. — L'acide sulfurique est l'acide le plus employé en chimie et dans l'industrie. On en produit annuellement plus d'un milliard de kilogrammes dont la plus grande partie sert dans la fabrication des soudes du commerce et des superphosphates.

On emploie encore l'acide sulfurique pour préparer la plupart des acides minéraux et organiques (acides azotique, chlorhydrique, sulfhydrique, acétique, tartrique, etc.) ; pour préparer l'hydrogène, le phosphore, le brome, l'iode, etc. ; pour épurer les huiles ; pour fabriquer les aluns, les vitriols, l'éther ordinaire, le glucose, l'alizarine et des matières colorantes diverses ; pour le chargement des accumulateurs, la saccharification des grains en distillerie.

Concentré, il sert à affiner les métaux précieux. Dans les laboratoires, on l'utilise pour dessécher les gaz ; on l'emploie enfin dans la plupart des piles.

86. Acide disulfurique, $S^2O^7H^2$. — Cet acide est aussi appelé *acide fumant* et *acide de Nordhausen* (du nom d'une ville de Saxe où on le fabriquait autrefois par la calcination du sulfate ferrique).

On prépare aujourd'hui l'acide fumant en décomposant, dans une série de cornues en terre (*fig.* 70), du sulfate acide de sodium SO^4NaH, résidu de l'action de l'acide sulfurique sur l'azotate de sodium en vue de la production de l'acide azotique. Chaque cornue est munie d'un récipient contenant un peu d'acide sulfurique dans lequel l'anhydride sulfurique vient se condenser. Il reste dans les cornues du sulfate neutre de sodium SO^4Na^2.

Fig. 70. — Préparation de l'acide sulfurique fumant.

L'acide disulfurique est un liquide sirupeux, répandant à l'air d'épaisses fumées blanches. On l'emploie pour dissoudre l'indigo, parce qu'il en dissout beaucoup plus que l'acide ordinaire. Il sert aussi pour fabriquer plusieurs matières colorantes, entre autres l'alizarine.

87. **Anhydride sulfurique, SO^3.** — L'anhydride sulfurique se présente en longues aiguilles soyeuses. Il est très avide d'eau et répand à l'air d'épaisses fumées; aussi le conserve-t-on dans des tubes scellés à la lampe. On utilise cet anhydride pour la préparation de l'acide disulfurique.

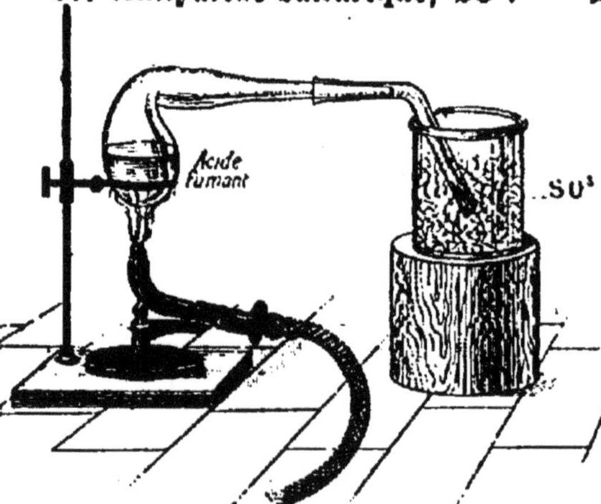

Fig. 71. — Préparation de l'anhydride sulfurique.

On obtient un peu d'anhydride sulfurique dans les laboratoires en distillant de l'acide disulfurique dans une petite cornue de verre (*fig.* 71) ; les vapeurs d'anhydride sont reçues dans un tube recourbé dont l'extrémité plonge dans un mélange réfrigérant de glace et de sel. On scelle ensuite le tube à la lampe.

Dans l'industrie, on fait passer les gaz des fours à pyrite (air et gaz sulfureux) sur de la pierre ponce platinée ou sur de l'amiante. On fait diverses marques, contenant de 20 à 30 % d'anhydride, et on les livre dans des bidons en fer-blanc.

RÉSUMÉ DU CHAPITRE XI

L'*anhydride sulfureux* ou gaz sulfureux SO^2 est le produit de la combustion du soufre à l'air. On le prépare en réduisant partiellement l'acide sulfurique à chaud par le cuivre ou par le mercure ; le gaz est recueilli à sec ou sur le mercure.

L'anhydride sulfureux a une odeur suffocante ; il est très soluble dans l'eau. On le liquéfie en le faisant arriver dans un matras entouré d'un mélange de glace et de sel.

Le gaz sulfureux n'est pas combustible et n'entretient pas la combustion. L'oxygène, en présence de l'eau, le transforme en acide sulfurique ; aussi le gaz sulfureux réduit-il un grand nombre de composés oxygénés : acide azotique, permanganate de potassium, etc. Beaucoup de matières colorantes végétales sont décolorées par le gaz sulfureux.

L'anhydride sulfureux est employé pour préparer l'acide sulfurique, pour blanchir la laine, la soie, etc., et comme antiseptique. L'anhydride liquide sert à fabriquer de la glace.

L'*acide sulfurique* SO^4H^2 est très répandu à l'état de sulfates, principalement de sulfate de calcium. On le prépare par oxydation du gaz sulfureux en présence de l'eau et des composés oxygénés de l'azote ; ces derniers ne servent que d'intermédiaires ; ils prennent l'oxygène de l'air pour le fixer sur le gaz sulfureux. Dans les laboratoires, on obtient une petite quantité d'acide sulfurique en faisant arriver à la fois dans un grand ballon du gaz oxyde azotique, du gaz sulfureux, de l'air et de la vapeur d'eau ; il se forme d'abord des cristaux des chambres de plomb qui, au contact de l'eau, se décomposent et donnent de l'acide sulfurique.

L'acide le plus concentré que l'on rencontre dans le commerce marque 66° Baumé ; il est incolore, oléagineux, très caustique. C'est un acide très énergique. Beaucoup de métaux et de métalloïdes le décomposent ; les uns réagissent sur l'acide étendu et froid en dégageant de l'hydrogène (zinc, fer), les autres réduisent l'acide concentré à chaud en donnant du gaz sulfureux (mercure, cuivre, soufre, carbone).

L'acide sulfurique est très avide d'eau ; mélangé à ce liquide, il dégage une grande quantité de chaleur. Exposé à l'air, il en absorbe la vapeur d'eau.

On l'emploie dans presque toutes les industries chimiques, à cause de son énergie, de sa stabilité et de son bas prix. On peut citer particulièrement la fabrication des soudes, des superphosphates, des sulfates ; la préparation de la plupart des acides et d'une foule de gaz.

L'*anhydride sulfurique* SO^3 est blanc, très avide d'eau. Il sert à préparer l'acide disulfurique.

III. — MÉTALLOÏDES TRIVALENTS

CHAPITRE XII

AZOTE. — AIR

AZOTE

Symbole: Az. M. atomique: 14. M. moléculaire: 28.

88. État naturel. — L'azote est très répandu dans la nature. C'est un des éléments de l'air, dont il forme environ les $\frac{4}{5}$ en volume. Il entre dans la constitution d'un grand nombre de composés minéraux et organiques : ammoniaque, acide azotique, azotates, matières albuminoïdes, etc. Le nom d'*azote* (de *a* privatif et d'un autre mot grec qui signifie *vie*) lui a été donné pour rappeler qu'il n'entretient pas la vie.

89. Préparation. — *L'azote s'extrait ordinairement de l'air, auquel on enlève l'oxygène à l'aide de corps absorbant facilement ce gaz.*

Sur un large bouchon de liège flottant sur l'eau, on dépose une petite coupelle contenant un fragment de phosphore sec ; on enflamme le phosphore et on recouvre le tout d'une cloche (*fig.* 72). Il se produit des fumées blanches, épaisses, d'anhydride phosphorique, corps très soluble dans l'eau. Quand la combustion est terminée, ces fumées se dissipent peu à peu, en même temps que l'eau monte dans la cloche pour remplacer l'oxygène disparu. On transvase alors le gaz restant dans des éprouvettes ; c'est de l'azote mélangé à un peu d'oxygène non absorbé et de gaz carbonique.

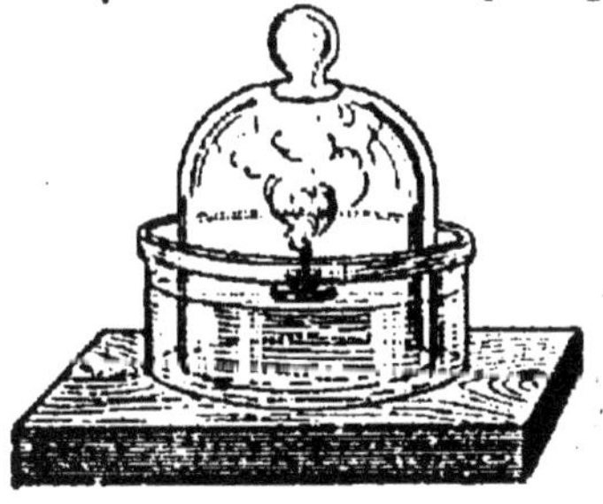

Fig. 72. — Préparation de l'azote par le phosphore.

Préparation par l'azotite d'ammonium. — La dissolution

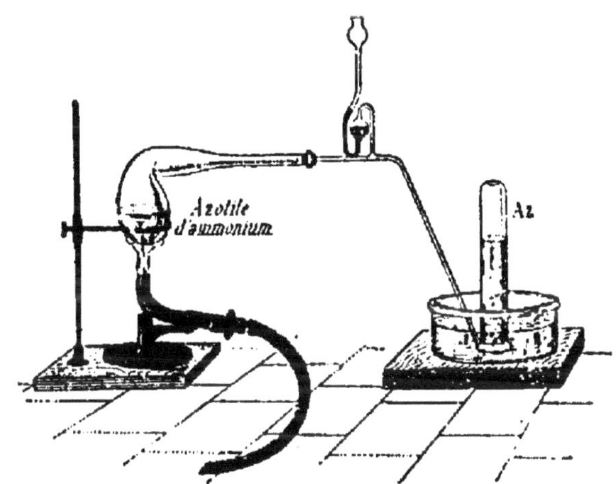

Fig. 73. — Préparation de l'azote par l'azotite d'ammonium.

concentrée d'azotite d'ammonium se décompose par la chaleur en donnant de l'azote et de l'eau :

$$AzO^2.AzH^4 = 2H^2O \nearrow + 2Az \nearrow.$$

On effectue cette décomposition dans une petite cornue en verre munie d'un tube à dégagement (*fig.* 73).

Comme la dissolution d'azotite d'ammonium est difficile à conserver, on la remplace souvent par un mélange d'azotite de potassium et de chlorure d'ammonium en dissolutions concentrées :

$$AzO^2K + AzH^4Cl = KCl + 2H^2O + 2Az.$$

90. Propriétés physiques. — L'azote est un gaz incolore, inodore et insipide, très peu soluble dans l'eau. Il est un peu moins lourd que l'air ; sa densité est 0,97.

L'azote est très difficile à liquéfier. Sa température critique est — 146°. L'azote liquide est transparent et bout à — 194° ; on l'a obtenu en cristaux neigeux à une température voisine de — 200°.

Action sur l'organisme. — Ce gaz n'entretient pas la respiration. Il n'est pas délétère, et son rôle principal dans l'air est de tempérer l'action trop vive qu'exercerait l'oxygène pur.

91. Propriétés chimiques. — L'azote n'est pas combustible. Il n'entretient pas la combustion : une bougie allumée s'y éteint. Il ne se combine directement qu'à un très petit nombre de corps, comme le magnésium, le bore, le silicium.

Sous l'influence des étincelles électriques, il peut s'unir à l'oxygène pour donner du peroxyde d'azote AzO^2, et à l'hydrogène pour former du gaz ammoniac.

92. Caractères. — L'azote n'a que des caractères négatifs : il est inodore, ne brûle pas et éteint les corps en combustion ; enfin, il ne trouble pas l'eau de chaux et n'exerce aucune action sur le tournesol.

93. Usages. — L'azote n'est employé que dans des cas très rares, pour conserver des matières organiques à l'abri de l'air et les préserver de toute altération

AIR

94. Composition de l'air. — Historique. — L'air est un mélange gazeux formé essentiellement d'azote et d'oxygène, auxquels s'ajoutent de la vapeur d'eau, du gaz carbonique et une très petite quantité d'autres gaz divers : ammoniaque, acide sulfhydrique, ozone, etc. Il tient en suspension une multitude de corpuscules solides, visibles quand un rayon de soleil les éclaire dans une chambre noire. Ces corpuscules sont constitués par des poussières minérales (chlorure de sodium, etc.), des débris de matières organiques et des germes organisés. Enfin, on y a découvert récemment la présence de nouveaux gaz, dont le plus important a reçu le nom d'*argon*.

L'air a été longtemps considéré comme un élément. Ce fut Lavoisier qui, le premier, en 1775, en fixa la nature et la composition. Il introduisit une quantité connue de mercure dans un matras, dont le col recourbé s'engageait sous une cloche reposant sur le mercure et contenant un volume déterminé d'air (*fig.* 74), puis il maintint le mercure presque bouillant. Dès le second jour, de petites parcelles rouges se formèrent à la surface du mercure, en même temps que l'air de la cloche diminuait peu à peu de volume. Ces changements ayant cessé au bout de 12 jours, Lavoisier laissa refroidir l'appareil et constata que le volume de l'air restant dans le matras et dans la cloche n'était plus que les $\frac{5}{6}$ du volume total primitif ; de plus, cet air n'entretenait plus ni la combustion ni la respiration ; c'était presque uniquement de l'azote.

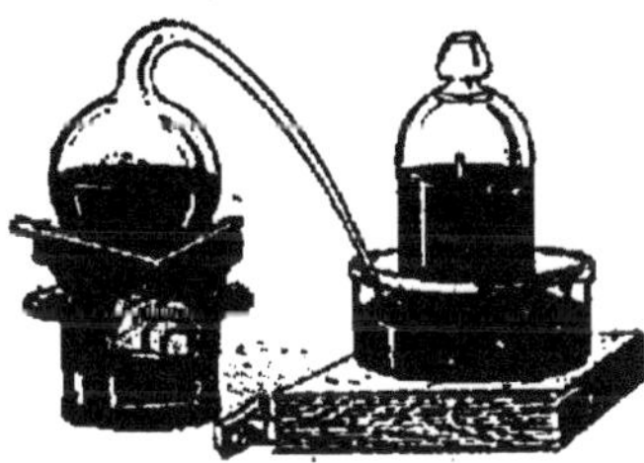

Fig. 74. — Analyse de l'air par Lavoisier.

Ayant rassemblé les parcelles rouges d'oxyde de mercure qui s'étaient formées dans cette expérience, Lavoisier les chauffa dans une petite cornue de verre munie d'un tube à dégagement, et recueillit de l'oxygène, dont le volume était sensiblement le $\frac{1}{6}$ du volume de l'air contenu primitivement dans l'appareil précédent.

Enfin, l'azote et l'oxygène ainsi isolés, ayant été réunis, reproduisirent de l'air en tout semblable à l'air ordinaire.

Cette méthode ne peut donner qu'approximativement les proportions d'azote et d'oxygène, car l'oxygène n'est jamais complètement absorbé par le mercure.

95. Dosage de l'azote et de l'oxygène. — Le rapport entre les volumes de l'azote et de l'oxygène de l'air est sensiblement constant et égal à 4/1. Ce rapport peut être déterminé par les méthodes suivantes :

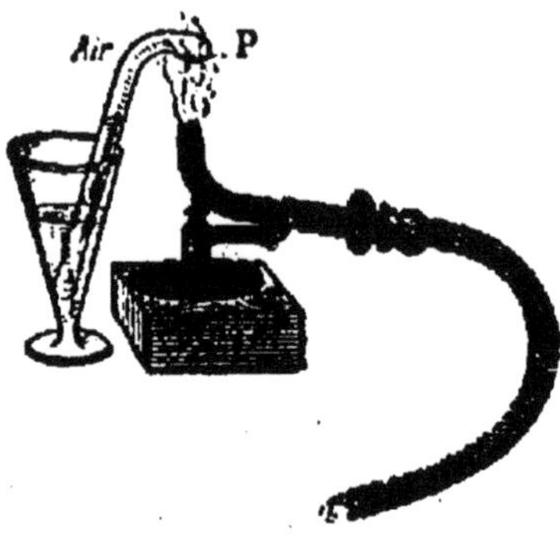

Fig. 75. — Dosage de l'azote par le phosphore à chaud.

1° *Par le phosphore à chaud.* — On chauffe un fragment de phosphore dans une cloche courbe reposant sur l'eau et contenant un volume d'air connu (*fig.* 75). Le phosphore brûle en s'emparant de l'oxygène. Quand la combustion est terminée, on laisse refroidir et l'on constate que l'eau s'est élevée dans la cloche de façon à réduire de 1/5 environ le volume primitif de l'air.

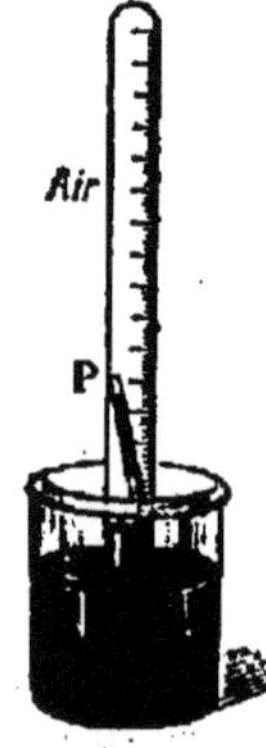

Fig. 76. — Dosage de l'azote par le phosphore à froid.

2° *Par le phosphore à froid.* — Dans un tube gradué aux 3/4 rempli d'air et reposant sur le mercure, on introduit un bâton de phosphore (*fig.* 76) et on abandonne le tout pendant 24 heures. Au bout de ce temps, le phosphore a absorbé tout l'oxygène, et le niveau du mercure, qui avait été noté avec soin, est monté dans le tube, comme l'avait fait l'eau dans l'expérience précédente, et de manière à réduire le volume gazeux dans la même proportion.

3° *Par l'eudiomètre.* — On introduit dans un eudiomètre 100 cent. cubes d'air et un volume égal d'hydrogène, puis on fait passer une étincelle ; le mercure monte dans le tube et il ne reste plus que 137 cent. cubes de gaz, constitués par l'azote et par l'hydrogène non employé. Sur les 63 cent. cubes qui ont disparu, pour former de l'eau, il y avait nécessairement 1/3, soit 21 cent. cubes d'oxygène, et 2/3, soit 42 cent. cubes d'hydrogène. Donc les 100 cent. cubes d'air contenaient 21 cent. cubes d'oxygène.

Dumas et Boussingault ont fixé très exactement le rapport

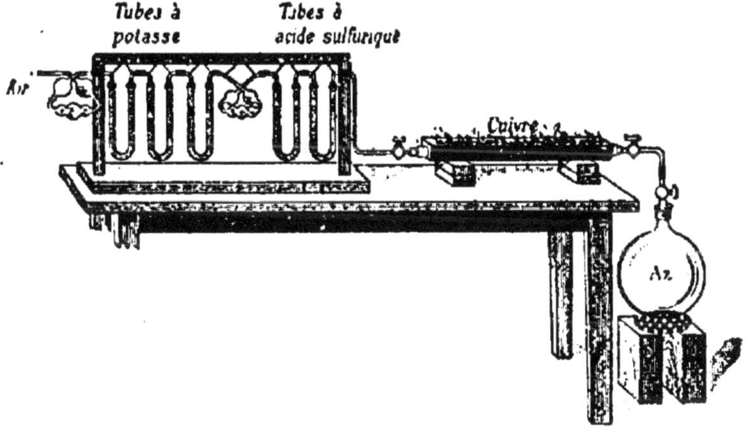

Fig. 77. — Étude de l'air par Dumas et Boussingault.

des masses d'oxygène et d'azote contenus dans l'air. Leur méthode consiste en principe à faire passer un courant d'air dépouillé de son gaz carbonique et de sa vapeur d'eau sur du cuivre chauffé ; celui-ci s'empare de l'oxygène et laisse l'azote.

L'air extérieur traverse d'abord des tubes à potasse qui lui enlèvent son gaz carbonique (*fig.* 77), puis des tubes desséchants qui absorbent sa vapeur d'eau, et enfin un long tube de verre contenant du cuivre très divisé et chauffé au rouge. L'azote est recueilli dans un grand ballon, dans lequel on a fait le vide avant l'expérience.

Dumas et Boussingault ont trouvé par cette méthode que 100g d'air contiennent 77g d'azote et 23g d'oxygène.

D'après les recherches récentes de M. Leduc, l'air contient exactement 75p,5 d'azote, 23p,2 d'oxygène et 1p,3 d'argon ; en volume, il y a 78vol,06 d'azote, 21vol d'oxygène et 0vol,94 d'argon.

96. Nouveaux gaz de l'air. — En 1894, MM. Ramsay et Rayleigh découvrirent que l'azote extrait des composés chimiques azotés est de $\frac{1}{2}$ % plus léger que l'azote atmosphérique. Ils en conclurent que l'air contenait quelque gaz jusque-là inconnu.

Cela posé, et sachant que le magnésium absorbe complètement l'azote au rouge, ils firent passer sur du magnésium chauffé au rouge de l'air qui avait été préalablement débarrassé de son oxygène, de sa vapeur d'eau et de son gaz carbonique. La plus grande partie de l'azote fut absorbée ; le résidu (environ $\frac{1}{100}$ du volume d'air primitif) était un gaz différent de l'azote par ses propriétés. Comme ce gaz avait peu d'affinités, on lui donna le nom d'*argon*, qui signifie « inactif ».

L'argon est un peu plus dense que l'azote ($d = 1{,}06$) ; il est 2 fois $\frac{1}{2}$ plus soluble que ce gaz et a été obtenu en cristaux blancs par M. Olzewski (température de fusion — 189°,6). Il résiste même à l'action du silicium et du bore, mais on peut le combiner à la benzine.

L'argon, qu'on avait pris d'abord pour un corps simple, est en réalité un mélange de plusieurs gaz. Si on le liquéfie lentement, il se forme dans le liquide des flocons blancs constituant un nouveau gaz qui a été appelé *métargon*. Le liquide qui baigne les glaçons de métargon, évaporé convenablement, laisse échapper un gaz qui a reçu le nom de *néon*, le plus léger des éléments de l'air. Enfin le gaz qui passe à la distillation après le néon est lui-même un mélange de deux gaz, l'*argon* et le *krypton*.

97. Gaz carbonique. Vapeur d'eau. — L'air renferme

environ les $\frac{3}{10\,000}$ de son volume de gaz carbonique. On constate la présence de ce gaz en abandonnant à l'air un vase contenant de l'eau de chaux : la surface du liquide se recouvre peu à peu d'une pellicule blanche de carbonate de calcium.

La *vapeur d'eau* existe dans l'air en proportion très variable. C'est à elle qu'est due l'augmentation de poids des substances avides d'eau (acide sulfurique, chlorure de calcium) abandonnées à l'air ; c'est elle qui se condense sous forme de buée sur les parois extérieures d'un vase contenant de l'eau très froide.

98. L'air est un mélange. — Bien que l'air ait une composition constante, aussi bien dans les hautes régions qu'au nivea[illegible] sol, c'est un mélange et non une combinaison. En effet :

1° Les volumes de deux gaz qui se combinent sont toujours dans un rapport simple, tandis que le rapport $\frac{21}{78}$ n'est pas un rapport simple ;

2° L'air dissous dans l'eau est plus riche en oxygène que l'air ordinaire. Chaque gaz s'est dissous avec son coefficient de solubilité propre ; il n'en serait pas ainsi si l'air était une combinaison ;

3° Enfin en réunissant de l'oxygène et de l'azote dans les proportions qui constituent l'air, on n'observe ni dégagement, ni absorption de chaleur.

99. Propriétés de l'air. — L'air est incolore sous une faible épaisseur, et bleu quand il est vu en grande masse. Rappelons qu'un litre d'air à 0° et sous la pression de 76^{cm} de mercure pèse 1^{g},293.

C'est par l'oxygène qu'il contient que l'air entretient les combustions et la respiration.

L'air est très difficile à liquéfier (V. *Physique*, 173). Il faut pour y arriver employer de fortes pressions et produire en même temps un froid intense. On conserve l'air liquide dans des ballons ouverts (*fig.* 78), formés de deux enveloppes entre lesquelles on a fait le vide. La couche superficielle du liquide se trouvant seule en contact avec l'atmosphère, l'évaporation est très lente, et on peut ainsi conserver de l'air liquide pendant plus de 15 jours.

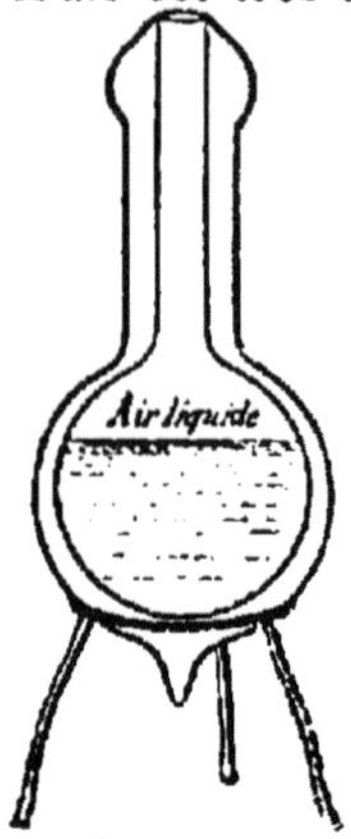

Fig. 78. — Ballon d'Arsonval.

L'air liquide a une teinte légèrement bleutée. Son point d'ébullition est $-192°$. On peut y plonger la main impunément, car le liquide prend une forme globulaire et est séparé de la peau par une mince couche de vapeur; il faut toutefois la retirer aussitôt, car cette couche disparaissant rapidement, le froid serait tel que la main serait brûlée comme par un métal en fusion. Au contact de l'air liquide, le mercure se congèle et devient dur comme du fer ; la viande et les corps élastiques, comme le caoutchouc, deviennent durs et cassants comme du verre.

L'air liquide est très employé comme source de froid. On en retire par évaporation de l'oxygène, qui est utilisé ensuite pour préparer certains produits chimiques et qui est employé aussi en métallurgie. Mélangé au charbon, il constitue un explosif pouvant remplacer avantageusement la dynamite.

RÉSUMÉ DU CHAPITRE XII

L'*azote* forme les $\frac{4}{5}$ de l'air en volume. On peut l'extraire de l'air en brûlant du phosphore sous une cloche reposant sur l'eau.

C'est un gaz incolore, presque aussi dense que l'air. Ses affinités chimiques sont très faibles ; il n'entretient pas la combustion.

L'*air* est un mélange gazeux complexe formé essentiellement de $\frac{1}{5}$ d'oxygène et $\frac{4}{5}$ d'azote en volume ; il contient aussi $\frac{3}{10\,000}$ en volume de gaz carbonique, de la vapeur d'eau en quantité variable, de l'argon et une très petite quantité de gaz divers. Il tient en suspension des poussières minérales et organiques.

Pour déterminer le rapport en volumes de l'oxygène et de l'azote on se sert de tubes gradués contenant un volume d'air connu et on absorbe l'oxygène soit par du phosphore à chaud, soit par du phosphore à froid.

On constate la présence du gaz carbonique dans l'air avec de l'eau de chaux et la présence de la vapeur d'eau par la buée qui se produit à l'extérieur d'un vase contenant de l'eau froide.

L'air est un mélange et non une combinaison ; le rapport suivant lequel l'oxygène et l'azote sont unis n'est pas simple ; et chacun de ces deux gaz, en présence de l'eau, se dissout comme s'il était seul.

1 litre d'air pèse 1g,293 à 0° et sous la pression de 76 centimètres de mercure.

CHAPITRE XIII

AMMONIAQUE

Formule : AzH^3. M. moléculaire : 17.

100. État naturel. — Ce composé gazeux de l'azote et de l'hydrogène se produit dans la putréfaction ou la décomposition par la chaleur des matières organiques renfermant de l'azote ; les eaux vannes, les urines putréfiées dégagent de l'ammoniaque quand on les distille avec de la chaux. On trouve une petite quantité d'ammoniaque dans l'air à l'état de carbonate et d'azotate.

En général, on appelle *gaz ammoniac* le gaz lui-même, et on réserve le nom d'*ammoniaque* à sa dissolution dans l'eau.

101. Préparation. — *On prépare le gaz ammoniac en décomposant le sel ammoniac ou chlorure d'ammonium par la chaux :*

$$2AzH^4Cl + CaO = CaCl^2 + H^2O + 2AzH^3 \nearrow.$$

On broie rapidement dans un mortier de la chaux vive avec du sel ammoniac pulvérisé, puis on introduit ce mélange dans un ballon que l'on achève de remplir jusqu'au col avec des fragments de chaux vive (*fig.* 79). La réaction commence à froid; on l'active en chauffant au bain de sable. Le gaz ammoniac traverse une éprouvette contenant de la chaux vive, qui achève de le dessécher; à cause de sa grande solubilité dans l'eau, on le recueille sur le mercure ou par déplacement dans des flacons très secs.

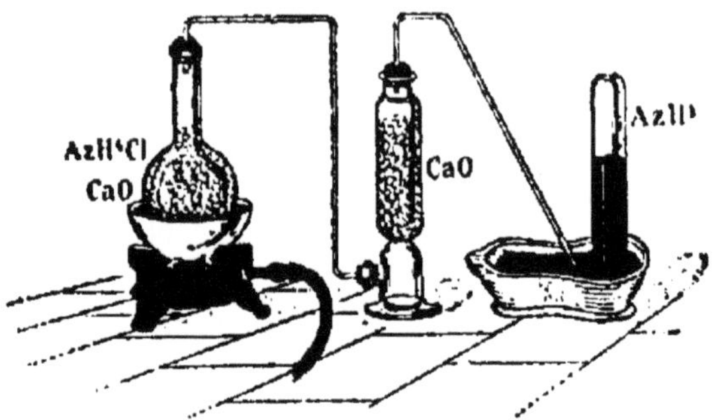

Fig. 79. — Préparation du gaz ammoniac.

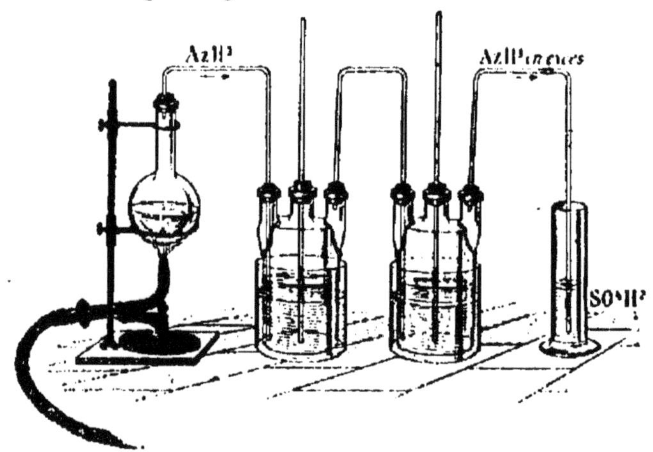

Fig. 80. — Préparation de la dissolution ammoniacale pure.

On obtient plus rapidement du gaz ammoniac en chauffant doucement l'ammoniaque du commerce dans un petit ballon.

L'ammoniaque du commerce, appelée quelquefois *alcali volatil*, s'obtient en recevant dans l'eau le gaz ammoniac provenant de la distillation des urines putréfiées, des eaux d'épuration des usines à gaz, etc., avec de la chaux éteinte. Quand on prépare la dissolution ammoniacale dans les laboratoires, les tubes à dégagement doivent plonger jusqu'au fond des flacons (*fig.* 80), car la dissolution est plus légère que l'eau. L'appareil est terminé par une éprouvette contenant de l'acide sulfurique destiné à absorber le gaz en excès.

102. Propriétés physiques. — Le gaz ammoniac a une odeur vive et pénétrante. Il est beaucoup plus léger que l'air : sa densité n'est que 0,59.

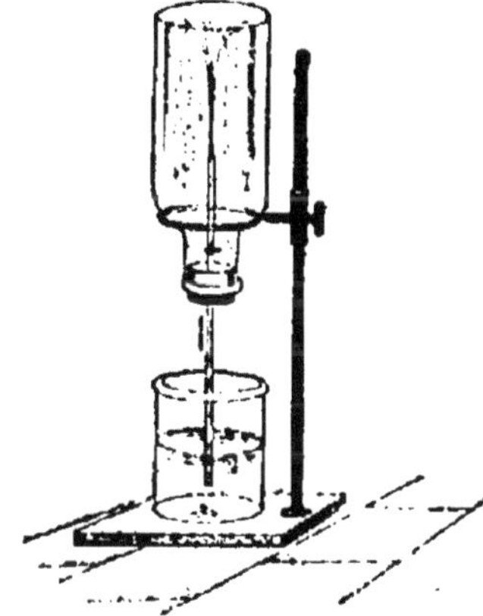

Fig. 81. — Solubilité du gaz ammoniac.

L'eau dissout jusqu'à 1 050 fois son volume de gaz ammoniac à 0° et 613 fois à 15°. Cette extrême solubilité peut être mise en évidence, comme pour l'acide chlorhydrique (48), en faisant l'expérience du jet d'eau (*fig.* 81) ; l'eau colorée en rouge par du tournesol bleuit en pénétrant dans le flacon, parce que l'ammoniaque est une base énergique.

La solution ammoniacale ou ammoniaque possède l'odeur pénétrante du gaz ; elle a une saveur brûlante. Chauffée à 100° ou placée dans le vide, elle perd tout le gaz qu'elle tenait en dissolution. Refroidie au contraire fortement, elle laisse déposer des aiguilles brillantes, correspondant à la formule AzH^3H^2O ou AzH^4OH.

Liquéfaction. — Le gaz ammoniac est facilement liquéfiable. Dans les laboratoires, on utilise la propriété que possède le chlorure d'argent d'absorber une grande quantité de ce gaz à froid et de l'abandonner ensuite par une faible élévation de température. On introduit du chlorure d'argent saturé de gaz ammoniac dans un tube de Faraday (*fig.* 82), on le ferme à la lampe, puis, la branche contenant le chlorure étant plongée dans l'eau chaude, on maintient l'autre branche dans de la glace. Le gaz, sous l'influence de la pression, se condense dans cette dernière en un liquide incolore.

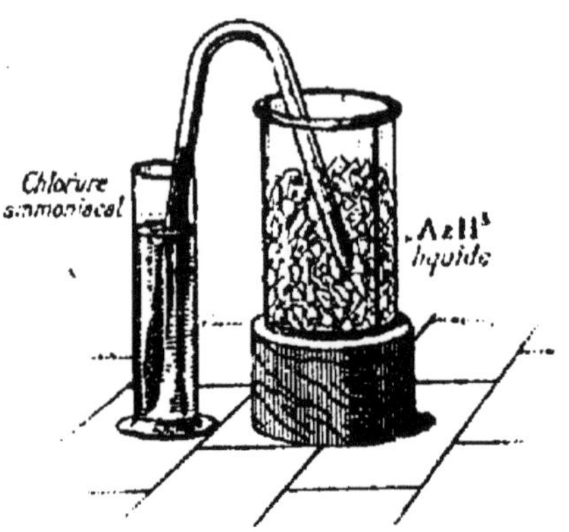

Fig. 82. — Liquéfaction du gaz ammoniac.

Action sur l'organisme. — Le gaz ammoniac provoque les larmes. Appliquée sur la peau, l'ammoniaque produit une sensation de cuisson. Introduite à l'intérieur à très petite dose, elle stimule le système nerveux; à dose plus forte, c'est un poison irritant énergique.

103. Propriétés chimiques. — Le gaz ammoniac ne brûle pas à l'air, mais un jet de ce gaz, arrivant dans un flacon plein d'*oxygène* (*fig.* 83), peut être enflammé et brûle avec une flamme jaunâtre :

$$2AzH^3 + 3O = 3H^2O + 2Az.$$

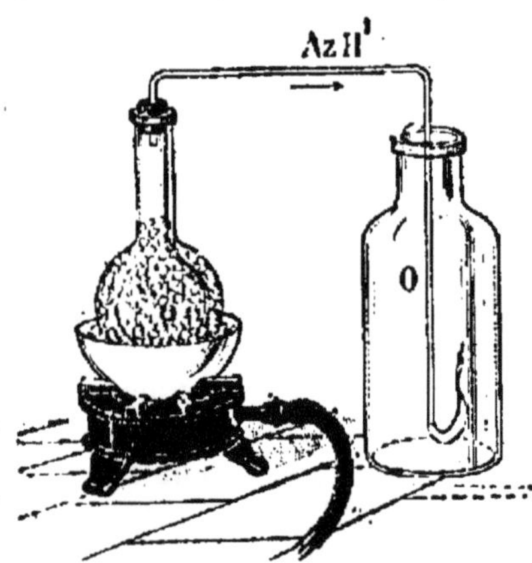

Fig. 83. — Combustion du gaz ammoniac dans l'oxygène.

Le *chlore* décompose instantanément le gaz ammoniac ; il y a production de fumées blanches de chlorure d'ammonium et dégagement d'azote (43).

Action sur les composés. — L'ammoniaque est une base puissante. Elle bleuit la teinture de tournesol rougie par un acide, rougit la phtaléine du phénol, brunit la teinture de curcuma et verdit le sirop de violettes.

L'*acide chlorhydrique* se combine au gaz ammoniac à volumes égaux. Il se forme des fumées blanches, épaisses, de chlorure d'ammonium $AzH^3.HCl$ ou AzH^4Cl (*fig.* 84). Les *acides oxygénés* fixent directement le gaz ammoniac en donnant naissance à des sels : azotate d'ammonium $AzO^3H.AzH^3$ ou $AzO^3.AzH^4$, sulfate d'ammonium $SO^4H^2.2AzH^3$ ou $SO^4(AzH^4)^2$, etc.

Fig. 84. — Formation du chlorure d'ammonium.

Tous ces sels, appelés *sels ammoniacaux,* sont en tout comparables aux sels correspondants de potassium et de sodium ; aussi admet-on que le groupement AzH^4, appelé *ammonium,* joue dans les sels ammoniacaux le même rôle que le potassium ou le sodium dans les sels alcalins, ce qui donne à ces deux espèces des formules parallèles :
AzH^4Cl, KCl ; $AzO^3.AzH^4$, AzO^3K ; $SO^4(AzH^4)^2$, SO^4K^2, etc.

L'ammonium n'a pas été isolé, mais il est probable qu'on l'obtient en combinaison avec le mercure dans l'expérience suivante : projetons peu à peu et avec précaution des fragments de sodium dans du mercure légèrement chauffé, puis versons l'amalgame de sodium ainsi obtenu dans un tube contenant une dissolution de chlorure d'ammonium et agitons ; il se forme aussitôt un nouvel amalgame très volumineux, à consistance butyreuse, en même temps que le liquide renferme du chlorure de sodium. Ce dernier amalgame paraît être une combinaison de mercure et d'ammonium; il est très instable et se détruit rapidement en dégageant de l'hydrogène et du gaz ammoniac.

On considère également comme de l'amalgame d'ammonium la masse spongieuse qui se forme quand on décompose par un courant une dissolution concentrée de chlorure d'ammonium en contact avec une couche de mercure qui sert d'électrode négative (*fig.* 85).

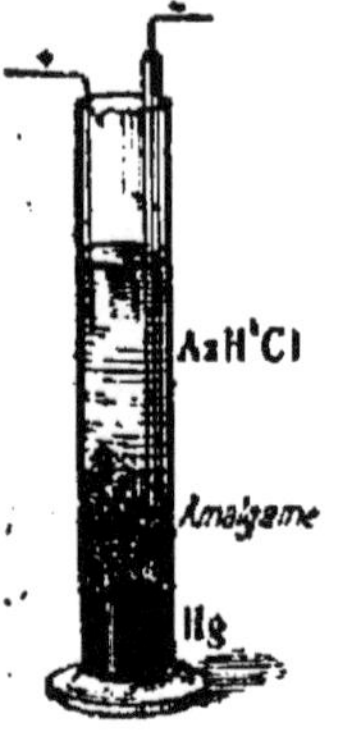

Fig. 85. — Électrolyse du chlorure d'ammonium en présence du mercure.

L'ammoniaque agit sur les dissolutions de sels métalliques : elle en précipite les hydrates métalliques insolubles dans l'eau. Dans une dissolution d'*azotate de plomb*, par exemple, il se précipite de l'hydrate de plomb PbO^2H^2, blanc, insoluble dans un excès d'ammoniaque ; dans une dissolution de *sulfate de cuivre*, il se précipite de l'hydrate cuivrique CuO^2H^2, bleu verdâtre, qui se redissout dans un excès d'ammoniaque en donnant une liqueur d'un bleu intense (eau céleste).

104. Caractères. — Le gaz ammoniac se reconnaît principalement à son odeur pénétrante, à la coloration bleue qu'il communique au papier de tournesol rouge et aux épaisses fumées blanches qu'il répand au contact de l'acide chlorhydrique.

105. Usages. — L'ammoniaque est un réactif très employé dans les laboratoires. Dans l'industrie, on en consomme de grandes quantités dans la préparation des soudes dites *à l'ammoniaque*, des sels ammoniacaux et de quelques matières colorantes (orseille, carmin de cochenille). On l'emploie aussi pour le dégraissage des laines, pour le lavage des flanelles et des lainages blancs.

En médecine, l'ammoniaque sert à cautériser les morsures de vipères, les piqûres de guêpes, etc. ; on l'administre à l'intérieur à très petite dose pour combattre l'ivresse ; elle entre dans la composition de l'eau sédative.

On utilise le froid produit par l'évaporation du gaz ammoniac liquéfié pour produire artificiellement de la glace (procédé Carré).

RÉSUMÉ DU CHAPITRE XIII

L'*ammoniaque* se produit principalement dans la putréfaction et dans la décomposition par la chaleur des matières organiques azotées.

On prépare le gaz ammoniac en chauffant soit un mélange de chlorure d'ammonium et de chaux vive, soit la dissolution ammoniacale du commerce. Le gaz est recueilli sur le mercure ou à sec.

Le gaz ammoniac a une odeur très vive ; il est extrêmement soluble dans l'eau. Un jet de ce gaz peut être enflammé dans de l'oxygène et brûle en donnant de l'eau et de l'azote. Dans le chlore, l'inflammation est spontanée.

L'ammoniaque est une base puissante, qui s'unit par simple addition aux acides pour former les sels ammoniacaux. Elle précipite les oxydes insolubles des dissolutions de sels métalliques.

On emploie l'ammoniaque en médecine, et dans les laboratoires comme réactif. Dans l'industrie, elle sert surtout à fabriquer les soudes et les sels ammoniacaux.

CHAPITRE XIV

COMPOSÉS OXYGÉNÉS DE L'AZOTE

106. Composés oxygénés de l'azote. — Les principaux composés oxygénés de l'azote sont : l'*oxyde azoteux* Az^2O, l'*oxyde azotique* AzO, et l'*acide azotique* AzO^3H correspondant à l'anhydride azotique Az^2O^5.

L'oxygène et l'azote forment 6 composés, qui offrent un exemple remarquable d'une loi importante appelée *loi des proportions multiples* : ***Lorsque deux corps peuvent, en se combinant entre eux, former plusieurs composés distincts, les différentes masses de l'un qui s'unissent à une même masse de l'autre sont entre elles dans des rapports simples.*** On peut dire encore que ***ces différentes masses***

se déduisent de la plus petite en la multipliant par un facteur simple.

			Az		O	
Oxyde azoteux. . . .	Az^2O	contient	28	pour	16	
Oxyde azotique. . . .	AzO	—	28	—	32	ou 16×2
Anhydride azoteux . .	Az^2O^3	—	28	—	48	ou 16×3
Peroxyde d'azote. .	AzO^2	—	28	—	64	ou 16×4
Anhydride azotique.	Az^2O^5	—	28	—	80	ou 16×5
Anhydride perazotique.	AzO^3	—	28	—	96	ou 16×6

A trois de ces composés correspondent des acides. L'*acide hypoazoteux* $AzOH$ correspond à l'oxyde azoteux ; l'*acide azoteux* AzO^2H, à l'anhydride azoteux et l'*acide azotique* AzO^3H, à l'anhydride azotique.

Tous ces composés sont très instables et leur décomposition est accompagnée d'un dégagement de chaleur.

107. Oxyde azoteux, Az^2O. — L'oxyde azoteux se prépare *en décomposant l'azotate d'ammonium par la chaleur :*

$$AzO^3.AzH^4 = 2H^2O \nearrow + Az^2O \nearrow.$$

L'azotate d'ammonium est chauffé dans une cornue en verre munie d'un tube à dégagement (*fig.* 86). Le gaz est recueilli sur l'eau salée, qui en dissout très peu.

Propriétés. — C'est un gaz incolore, d'une saveur légèrement sucrée ; sa densité est 1,52. L'eau en dissout à peu près son volume à la température ordinaire. Il se liquéfie sous une pression de 30kg.

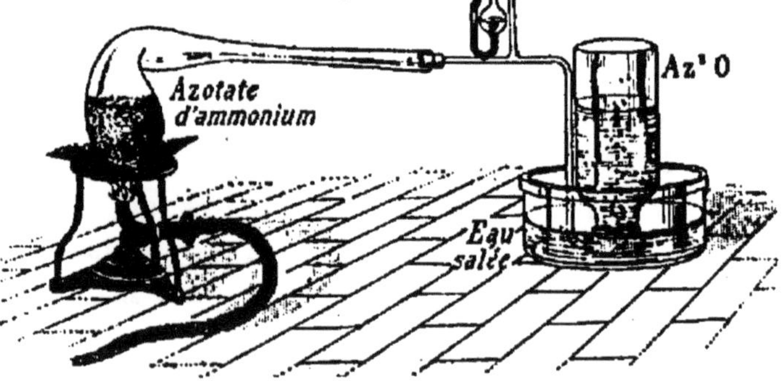

Fig. 86. — Préparation de l'oxyde azoteux.

L'oxyde azoteux, introduit à faible dose dans les voies respiratoires, produit une sorte d'ivresse gaie, ce qui lui avait fait donner par Davy le nom de *gaz hilarant* ; si l'inspiration est prolongée, l'excitation précédente est suivie d'une insensibilité complète.

Ce gaz se décompose au rouge en azote et en oxygène ; et, comme les corps incandescents produisent cette décomposition, ils y brûlent mieux que dans l'air, l'oxyde azoteux contenant la moitié de son volume d'oxygène. Ainsi une allumette présentant encore un point en ignition se rallume dans l'oxyde azoteux, mais sans faire entendre cette petite explosion que nous avons constatée dans l'oxygène ; le phosphore y brûle avec éclat ; il en est de même du soufre et du charbon bien allumés.

Usages. — L'oxyde azoteux est employé à l'état gazeux comme anesthésique pour les opérations de peu de durée. A l'état liquide, on s'en sert pour produire des froids intenses.

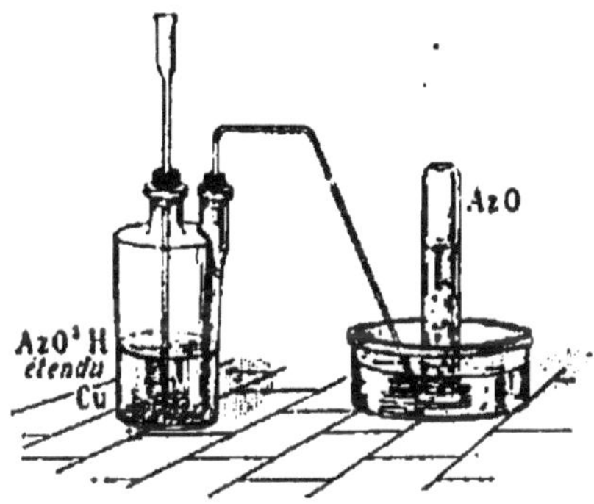

Fig. 87. — Préparation de l'oxyde azotique.

108. Oxyde azotique, AzO. — L'oxyde azotique se prépare *en décomposant à froid l'acide azotique étendu par le cuivre*. Il se forme de l'azotate de cuivre, qui se dissout dans l'eau en la colorant en bleu, et il se dégage de l'oxyde azotique :

$$8AzO^3H + 3Cu = 3(AzO^3)^2Cu + 4H^2O + 2AzO.$$

Dans un flacon à hydrogène contenant de la tournure de cuivre et de l'eau (*fig.* 87), on verse peu à peu de l'acide azotique ordinaire par le tube à entonnoir. Les premières bulles d'oxyde azotique se transforment en vapeurs rutilantes au contact de l'air du flacon ; ces vapeurs se dissolvent dans l'eau en produisant une légère absorption, puis l'atmosphère du flacon se décolore, et le gaz se dégage régulièrement. On le recueille sur l'eau.

Propriétés. — L'oxyde azotique est un gaz incolore, très peu soluble dans l'eau. Sa propriété la plus caractéristique est son affinité pour l'*oxygène*. Au contact de ce gaz ou de l'air, il se transforme immédiatement en vapeurs rouges de peroxyde d'azote AzO^2 :

$$AzO + O = AzO^2 ;$$

c'est pour cela que l'on ne connait ni l'odeur, ni la saveur de l'oxyde azotique.

Si l'oxygène est en quantité insuffisante, on n'obtient qu'un mélange gazeux rougeâtre, connu sous le nom de *vapeurs nitreuses* et composé d'oxyde azoteux, d'oxyde azotique et d'anhydride azoteux.

L'oxyde azotique n'est décomposé qu'au rouge vif ; c'est pourquoi il est moins propre que l'oxyde azoteux à entretenir les combustions vives : il éteint une bougie allumée ; le soufre y brûle très difficilement, même quand il est bouillant ; le carbone incandescent et le phosphore bien allumé y brûlent avec éclat.

Le *sulfure de carbone* forme avec l'oxyde azotique un mélange combustible : si l'on agite quelques gouttes de ce liquide dans un flacon plein d'oxyde azotique et si l'on approche ensuite une flamme de l'orifice, le mélange brûle en répandant une vive lumière bleuâtre.

L'oxyde azotique est absorbé par le sulfate ferreux en dissolution ; il se forme un composé brun foncé $2SO^4Fe. AzO$.

Usages. — L'oxyde azotique constitue un intermédiaire important dans la fabrication de l'acide sulfurique (81).

109. Anhydride azoteux, Az^2O^3. — L'anhydride azoteux prend naissance quand on réduit l'acide azotique par l'amidon. Au-dessous de 0°, c'est un liquide bleu foncé. Un peu au-dessus de cette température, il se décompose en oxyde azotique et peroxyde d'azote.

L'*acide azoteux* AzO^2H est très instable, mais il forme des sels bien définis appelés *azotites*.

110. Peroxyde d'azote, AzO^2. — Le peroxyde d'azote se prépare en chauffant de l'azotate de plomb bien desséché dans une cornue de grès (*fig.* 88.) :

$$(AzO^3)^2Pb = PbO + O\nearrow + 2AzO^2\nearrow.$$

Fig. 88. — Préparation du peroxyde d'azote.

Les vapeurs de peroxyde se condensent dans un tube en U entouré de glace.

Le peroxyde d'azote est un liquide rougeâtre, à odeur suffocante. Il bout à 22° en donnant des vapeurs rouges très foncées, dangereuses à respirer. On peut le considérer comme un anhydride mixte, intermédiaire entre les anhydrides azoteux Az^2O^3 et azotique Az^2O^5 ; en effet, en présence d'une base, comme la potasse, il donne de l'azotite et de l'azotate de potassium.

ACIDE AZOTIQUE

Formule : AzO^3H. M. moléculaire : 63.

111. État naturel. — L'acide azotique ou *acide nitrique* est très répandu à l'état d'*azotates* : on trouve de l'azotate de calcium sur les murs des caves et des lieux humides, de l'azotate de sodium en bancs épais au Pérou, de l'azotate de potassium ou salpêtre à la surface du sol dans les pays chauds.

112. Préparation. — Dans les laboratoires *on prépare l'acide azotique en décomposant l'azotate de potassium* *par l'acide sulfurique concentré*. Le résidu est du sulfate acide de potassium :

$$AzO^3K + SO^4H^2 = SO^4KH + AzO^3H.$$

Le mélange est chauffé doucement dans une cornue dont

Fig. 89. — Préparation de l'acide azotique.

le col s'engage librement dans un ballon refroidi (*fig*. 89). L'acide azotique distille et se condense dans ce ballon.

Fig. 90. — Préparation industrielle de l'acide azotique.

Au début de l'opération, l'azotate fond et il se dégage des vapeurs rutilantes : elles proviennent de la décomposition des premières portions d'acide azotique par l'acide sulfurique, qui leur enlève les éléments de l'eau. L'atmosphère de la cornue devient peu à peu incolore, et l'acide distille régulièrement en entraînant un peu de peroxyde d'azote, qui le colore en jaune. Les vapeurs rouges réapparaissent à la fin : la décomposition de l'acide azotique est due cette fois à la température élevée qui règne dans l'appareil.

Dans l'*industrie* on emploie toujours l'azotate de sodium, qui coûte moins cher que l'azotate de potassium et fournit, à masse égale, une proportion plus forte d'acide azotique. L'acide sulfurique généralement employé marque 60° Baumé.

La réaction s'effectue dans des chaudières en fonte (*fig.* 90), munies d'un couvercle en grès percé de deux ouvertures, dont l'une, fermée par un bouchon, sert à introduire l'acide sulfurique, tandis que l'autre porte un tube de grès par lequel se dégagent les vapeurs d'acide azotique. Ces vapeurs parcourent une série de bonbonnes étagées et finalement traversent une tour remplie de coke. Un mince filet d'eau pure traverse la tour en sens inverse, se rend dans la bonbonne supérieure, puis de là, à l'aide de siphons, se déverse successivement dans les autres bonbonnes où l'eau s'enrichit de plus en plus en acide azotique. Il résulte de cette disposition que les vapeurs les plus chargées d'acide rencontrent de l'eau déjà presque saturée, et inversement ; de telle sorte que la condensation est complète. On retire de la première bonbonne de l'acide plus ou moins concentré, suivant la quantité d'eau introduite dans la tour.

113. Propriétés physiques. — *L'acide azotique pur* est un liquide incolore, répandant à l'air des fumées blanches. Sa masse spécifique est 1g,52. Il bout à 86°. La chaleur et la lumière le décomposent partiellement en produisant des vapeurs rouges de peroxyde d'azote.

L'acide azotique fumant est de l'acide pur coloré en jaune rouge par des vapeurs rutilantes.

L'*acide azotique ordinaire* renferme 30 % d'eau et répond à peu près à la formule $2AzO^3H + 3H^2O$. Sa masse spécifique est 1g,42. Il bout à 123° sans subir de décomposition et se produit aussi bien quand on distille l'acide fumant que quand on distille un acide plus faible. Dans ce dernier cas, par exemple, l'excès d'eau passe d'abord, puis la température s'élève peu à peu à 123° et il ne passe plus ensuite que de l'acide ordinaire.

Action sur l'organisme. — Les vapeurs d'acide azotique sont dangereuses à respirer. L'acide lui-même produit sur la peau des taches jaunes occasionnant des brûlures graves si l'acide est concentré. Introduit dans le tube digestif, c'est un violent poison, corrodant les muqueuses et amenant la mort rapidement.

114. Propriétés chimiques. — La principale propriété chimique de l'acide azotique est d'être un *oxydant énergique* : il cède facilement de l'oxygène aux corps qui en sont avides, et est ramené à un degré inférieur d'oxydation, quelquefois même à l'état d'azote.

L'*hydrogène* passant avec des vapeurs d'acide azotique dans un tube chauffé au rouge donne de l'eau et de l'azote :

$$AzO^3H + 5H = 3H^2O + Az.$$

Action sur les métalloïdes. — Presque tous les métalloïdes sont oxydés par l'acide azotique. Un fragment de *phosphore* introduit dans de l'acide fumant (*fig.* 91), s'enflamme puis est vivement projeté. Si l'on verse de l'acide azotique fumant sur du noir de fumée sec et légèrement chauffé, il se produit une gerbe d'étincelles, accompagnée de torrents de vapeurs rutilantes. De même un charbon incandescent brûle avec éclat dans les vapeurs d'acide azotique. Enfin si l'on chauffe un fragment de soufre avec de l'acide azotique fumant, il se dégage des vapeurs rutilantes, et il se forme de l'acide sulfurique.

FIG. 91. — Action de l'acide azotique sur le phosphore.

Action sur les métaux. — L'acide azotique oxyde tous les métaux, sauf l'or et le platine, mais l'action varie avec la concentration de l'acide. L'acide concentré n'attaque que les métaux très oxydables comme le *potassium*, le *sodium* ; la réaction est très vive et il se dégage de l'azote. La plupart des métaux usuels, avec l'acide étendu, donnent un azotate et il se dégage de l'oxyde azotique AzO qui, au contact de l'air, se transforme en vapeurs rouges de peroxyde d'azote AzO^2 :

$$3Cu + 8AzO^3H = 3(AzO^3)^2Cu + 2AzO + 4H^2O.$$

Le *fer* qui a été plongé dans de l'acide concentré n'est plus attaqué par l'acide ordinaire, car il est entouré d'une couche gazeuse d'oxyde azotique qui le préserve du contact de l'acide; on dit que le fer est devenu passif. Il suffit d'ailleurs de le toucher avec un fil de fer pour faire cesser cette passivité.

Enfin l'*étain* est le seul métal qui ne donne pas d'azotate. Un morceau de papier d'étain introduit dans de l'acide fumant n'est pas attaqué; mais si l'on ajoute de l'eau, une vive réaction se manifeste et l'on obtient une poudre blanche, qui est un oxyde acide.

Action sur les matières organiques. — L'acide azotique oxyde la plupart des matières organiques.

Si l'on projette de l'acide fumant sur un papier imprégné d'essence de térébenthine, il y a inflammation et dégagement de torrents de vapeurs nitreuses. De même le crin brûle avec une vive lumière dans la vapeur d'acide fumant (*fig.* 92).

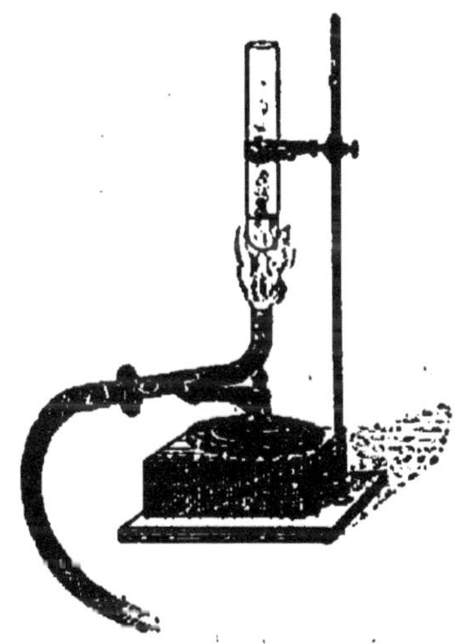

FIG. 92. — Combustion du crin dans la vapeur d'acide fumant.

L'acide azotique décolore l'indigo. Il colore en jaune la peau, la laine, la soie et les brûle si son action est prolongée. Chauffé avec de l'amidon, du glucose, etc., il les transforme en acide oxalique en même temps qu'il se dégage des vapeurs nitreuses.

D'autres matières organiques sont seulement transformées; ainsi la benzine se transforme en nitrobenzine :

$$C^6H^6 + AzO^3H = C^6H^5 . AzO^2 + H^2O.$$

De même la glycérine est transformée en nitroglycérine, le phénol ou acide phénique en acide picrique, le coton ordinaire en coton-poudre, etc.

Fonction chimique. — L'acide azotique est un acide énergique, rougissant fortement le tournesol.

Il est *monobasique*, ne donnant avec chaque métal qu'un seul azotate. Ex.: azotate de potassium AzO^3K, azotate de calcium $(AzO^3)^2Ca$, etc.

115. Caractères. — L'acide azotique se distingue des autres acides par les caractères suivants :

1° il a une odeur désagréable de vapeurs nitreuses, colore la peau en jaune et décolore l'indigo ;

2° au contact du cuivre, il dégage des vapeurs rutilantes.

116. Usages. — L'*acide ordinaire* est employé pour préparer les azotates, la dextrine, l'acide oxalique, etc., pour affiner les métaux précieux, pour faire les essais d'or et d'argent, pour teindre en jaune la laine, la soie, les plumes. Il joue un rôle important dans la fabrication de l'acide sulfurique.

L'*acide fumant* sert à préparer des composés organiques importants : nitrobenzine, acide picrique, nitroglycérine, coton-poudre, celluloïd.

Enfin, dans les ateliers, on consomme une grande quantité d'acide azotique plus ou moins aqueux sous les noms d'*eau-forte, eau-seconde,* etc., pour la gravure sur cuivre, sur zinc, etc., pour le secrétage des poils en chapellerie, pour dissoudre les oxydes formés à la surface du cuivre, du laiton, du bronze, etc.

Gravure sur cuivre. — La plaque de cuivre bien nettoyée est recouverte d'un vernis et entourée d'un bourrelet de cire. Avec une pointe fine, on trace sur ce vernis le dessin ou les caractères à graver, en ayant soin de mettre le cuivre à nu, puis on verse une couche d'eau-forte sur la plaque (d'où le nom de *gravure à l'eau-forte*). Quand on juge qu'elle a suffisamment mordu, on lave à l'eau et on dissout le vernis par l'essence de térébenthine. On peut remplacer le vernis par la paraffine.

Il y a bien des manières d'appliquer le dessin à graver sur les plaques de cuivre. Dans les procédés industriels de la photogravure, on a le plus souvent recours pour cela à la photographie ; on sensibilise au préalable la plaque de cuivre. Suivant qu'on emploie des positifs ou des négatifs, on obtient des gravures en creux (procédé de l'héliogravure) pour impression en taille-douce ou en relief pour impression typographique.

Les clichés typographiques des gravures qui illustrent ce livre ont été faits ainsi, quelques-uns sur cuivre, la plupart sur zinc.

117. Eau régale. — L'eau régale est un mélange d'acide azotique et d'acide chlorhydrique. Elle doit son nom à la propriété qu'elle possède de dissoudre l'or, le roi des métaux.

Pour mettre en évidence cette propriété, on chauffe séparément deux tubes à essais contenant, outre une feuille d'or, l'un de l'acide azotique, l'autre de l'acide chlorhydrique ; aucune action ne se produit. Mais si l'on mélange le contenu des deux tubes, l'or disparaît et le liquide prend une teinte jaune due à la présence de chlorure d'or. Le platine serait dissous de même par l'eau régale et transformé en chlorure de platine.

L'eau régale agit par le chlore qui résulte de l'action de l'acide azotique sur l'acide chlorhydrique :

$$AzO^3H + HCl = Cl + H^2O + AzO^2.$$

118. Anhydride azotique, Az^2O^5. — Cet anhydride se présente en cristaux brillants, répandant à l'air d'épaisses fumées. On le conserve dans des tubes en verre scellés à la lampe. On le prépare en déshydratant l'acide azotique par l'anhydride phosphorique, corps très avide d'eau.

RÉSUMÉ DU CHAPITRE XIV

Les principaux composés oxygénés de l'azote sont : l'oxyde azoteux Az^2O, l'oxyde azotique AzO et l'acide azotique AzO^3H.

L'*oxyde azoteux* Az^2O se prépare en décomposant par la chaleur l'azotate d'ammonium dans une cornue de verre. C'est un gaz soluble dans l'eau. Il est anesthésique.

Au rouge, l'oxyde azoteux se décompose en azote et oxygène. Il n'entretient que les combustions vives : allumette en ignition, soufre et charbon bien allumés, phosphore allumé.

L'*oxyde azotique* AzO s'obtient en réduisant l'acide azotique étendu par le cuivre dans un flacon à hydrogène. Il est incolore, peu soluble dans l'eau. Au contact de l'air ou de l'oxygène, il se transforme immédiatement en vapeurs rutilantes de peroxyde d'azote AzO^2. La chaleur ne le décompose qu'au rouge vif. Le phosphore bien allumé brûle avec éclat dans l'oxyde azotique ; une bougie allumée s'y éteint.

L'*acide azotique* AzO^3H est très répandu à l'état d'azotates de calcium, de sodium, de potassium. On le prépare en chauffant un mélange d'azotate de potassium et d'acide sulfurique concentré ; les vapeurs d'acide azotique se condensent dans un ballon refroidi.

Pur, l'acide azotique est un liquide incolore, répandant à l'air des fumées blanches. On l'appelle acide fumant quand il est coloré en jaune par des vapeurs rutilantes. L'acide ordinaire contient 30 pour 100 d'eau ; il est plus stable que ce dernier et bout sans se décomposer à 123°.

L'acide azotique est un oxydant énergique ; il oxyde à froid le phosphore et presque tous les métaux. La plupart des métaux usuels (cuivre, fer) donnent avec l'acide étendu un azotate et il se dégage des vapeurs rouges de peroxyde d'azote AzO^2.

La plupart des matières organiques sont attaquées par l'acide azotique et détruites (inflammation de l'essence de térébenthine, coloration de la peau en jaune, décoloration de l'indigo).

L'acide azotique est employé pour préparer les azotates, l'acide sulfurique ; pour décaper les métaux, pour graver sur cuivre, pour teindre en jaune la laine et la soie.

L'eau régale est un mélange d'acide azotique et d'acide chlorhydrique. Elle dissout l'or et le platine et les transforme en chlorures.

CHAPITRE XV

PHOSPHORE

Symbole : P. M. atomique : 31. M. moléculaire : 124

119. **État naturel.** — Le phosphore n'existe pas à l'état libre dans la nature, à cause de sa grande affinité pour l'oxygène ; mais il est très répandu à l'état de *phosphates*, principalement de phosphate de calcium. Ce dernier joue un rôle important dans la nutrition des animaux et des végétaux ; il constitue environ les 4/5 de la matière minérale des os ; on le rencontre dans les terres arables.

120. **Propriétés physiques.** — Le phosphore est un solide blanc jaunâtre, assez mou pour être rayé par l'ongle ; il possède une odeur alliacée particulière, rappelant celle de l'ozone. Sa masse spécifique est 1g,84. Il est insoluble dans l'eau, soluble dans le sulfure de carbone.

Le phosphore fond à 44° et présente un exemple remarquable de *surfusion* : si l'on maintient du phosphore fondu sous une couche d'eau à l'abri de toute agitation, la température peut s'abaisser jusqu'à 30° sans qu'il y ait solidification ; mais celle-ci se produit instantanément si l'on touche le liquide avec une parcelle de phosphore (V. *Physique,* 149).

Le point d'ébullition du phosphore est 290°. Il cristallise dans le système régulier : on l'obtient en dodécaèdres rhomboïdaux quand on abandonne à l'évaporation lente sa dissolution dans le sulfure de carbone.

Action sur l'organisme. — Le phosphore est vénéneux. Les ouvriers qui manient habituellement ce corps absorbent ses vapeurs mélangées à l'air, ce qui détermine chez eux des maux de tête et une altération des os de la mâchoire et du nez. Introduit dans l'estomac, il provoque des vomissements accompagnés de douleurs très vives et peut amener la mort après quelques heures si la dose est assez élevée.

121. Propriétés chimiques. — Le phosphore est caractérisé principalement par son affinité pour l'*oxygène*. Déjà à la température ordinaire il s'oxyde lentement et émet des vapeurs qui luisent dans l'obscurité (phosphorescence). Vers 60°, il prend feu et brûle avec une flamme éclatante en produisant d'épaisses fumées blanches d'anhydride phosphorique P^2O^5; cette combustion est encore plus brillante dans l'oxygène pur. La facile inflammabilité du phosphore et les brûlures graves qu'il occasionne en font un corps dangereux à manier quand il est sec; il peut même s'enflammer spontanément quand il est très divisé : c'est ainsi qu'un papier imprégné d'une dissolution de phosphore dans le sulfure de carbone prend feu dès que le sulfure est évaporé.

Fig. 93. — Combustion du phosphore dans le chlore.

Un fragment de phosphore introduit dans un flacon plein de *chlore* s'enflamme spontanément (*fig.* 93), en produisant des chlorures de phosphore.

Action sur les composés. — Le phosphore réduit la plupart des composés oxygénés comme l'acide azotique, les oxydes métalliques; il précipite le cuivre, l'argent, des dissolutions de leurs sels : un bâton de phosphore plongé dans une dissolution de sulfate de cuivre se recouvre de cuivre métallique.

122. Usages. — Le phosphore est utilisé pour préparer des pâtes destinées à détruire les rats; mais il sert surtout à la fabrication des *allumettes chimiques*.

Les allumettes ordinaires sont en bois de peuplier ou de tremble ; on les trempe par une extrémité d'abord dans un bain de paraffine, afin de les rendre plus combustibles et moins hygrométriques, puis dans du soufre fondu. Cette extrémité est enfin garnie d'une pâte faite avec du phosphore, de la colle forte, du sable fin, du salpêtre et une matière colorante.

Ces allumettes présentent de nombreux inconvénients : outre que leur fabrication est une industrie très malsaine, elles occasionnent fréquemment des incendies ou des empoisonnements. On fabrique actuellement des allumettes dont la pâte est à base de chlorate de potassium et de sesquisulfure de phosphore, composé inoffensif.

123. Phosphore rouge. — Soumis à l'influence prolongée de la chaleur, le phosphore se transforme en une variété rouge, amorphe, douée de propriétés physiques toutes nouvelles : on dit que c'est une variété *allotropique* du phosphore ordinaire.

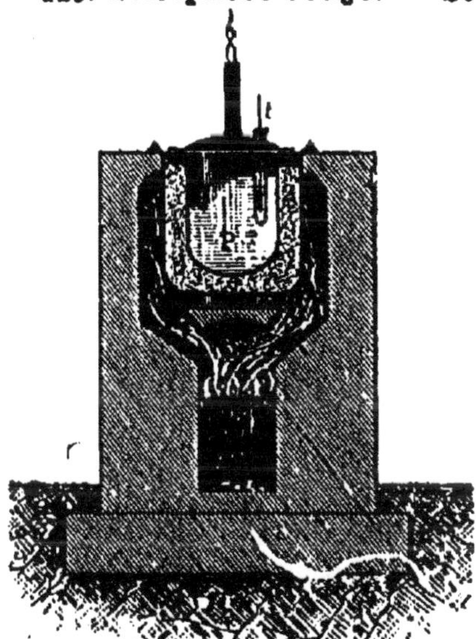

Fig. 94. — Préparation du phosphore rouge.

On prépare le phosphore rouge en chauffant du phosphore ordinaire vers 240°, sous une couche d'eau, dans une chaudière en fonte dont le couvercle est muni d'un tube pour le dégagement des vapeurs (*fig.* 94). On chauffe au bain de sable. Au bout d'une dizaine de jours, on laisse refroidir ; la masse rouge obtenue est broyée sous l'eau, puis soumise à l'ébullition avec une lessive de soude qui détruit le phosphore ordinaire non transformé en phosphore rouge.

Le phosphore rouge se présente en poudre d'un rouge brun, inodore. Il est insoluble dans le sulfure de carbone et n'est pas vénéneux.

Le phosphore rouge ne luit pas dans l'obscurité. Il ne s'enflamme qu'à 260°. Les dissolutions alcalines n'exercent sur lui aucune action.

Usages. — Le phosphore rouge sert à fabriquer les allumettes dites au phosphore rouge. L'extrémité de ces allumettes est enduite d'un mélange de chlorate de potassium, de sulfure d'antimoine et de gélatine. Elles ne s'enflamment que sur un frottoir spécial, enduit de phosphore rouge mélangé à de la gélatine et à du sulfure d'antimoine.

124. Phosphure d'hydrogène gazeux, PH^3. — Le phosphore forme avec l'hydrogène trois composés, dont le plus important est le phosphure gazeux. Ce gaz se produit dans la décomposition des matières organiques renfermant du phosphore comme la matière cérébrale, la laitance des carpes, etc. Il semble être la cause des phénomènes connus sous le nom de *feux follets*.

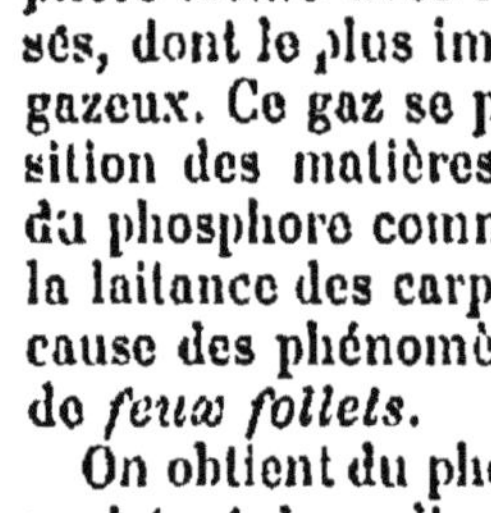

Fig. 95. — Préparation du phosphure gazeux impur.

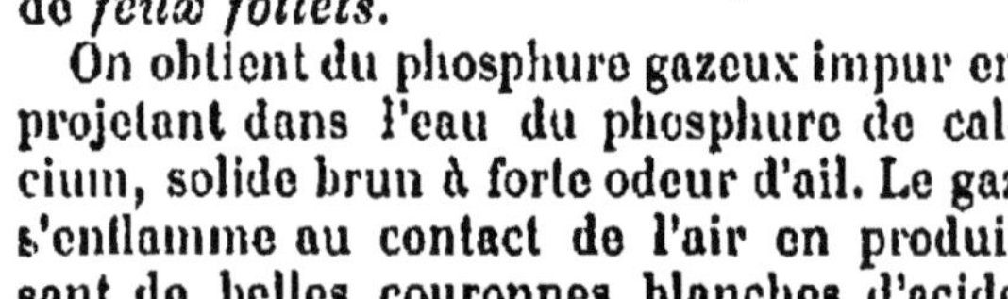

On obtient du phosphure gazeux impur en projetant dans l'eau du phosphure de calcium, solide brun à forte odeur d'ail. Le gaz s'enflamme au contact de l'air en produisant de belles couronnes blanches d'acide phosphorique (*fig.* 95). Le phosphure gazeux ainsi obtenu est spontanément inflammable parce qu'il est mélangé à du phosphure liquide, lequel a la propriété de s'enflammer dès qu'il est au contact de l'air.

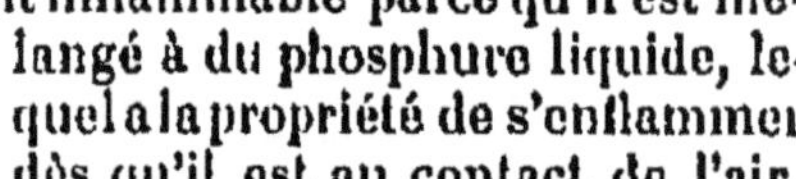

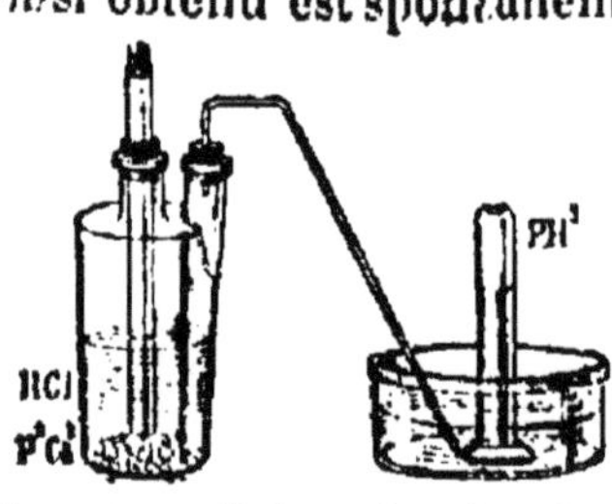

Fig. 96. — Préparation du phosphure gazeux pur.

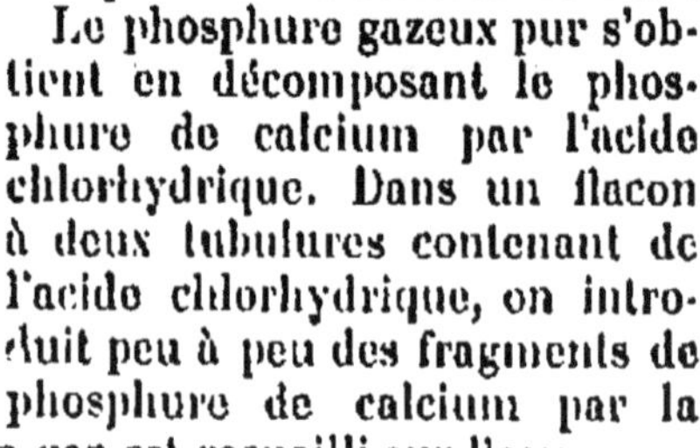

Le phosphure gazeux pur s'obtient en décomposant le phosphure de calcium par l'acide chlorhydrique. Dans un flacon à deux tubulures contenant de l'acide chlorhydrique, on introduit peu à peu des fragments de phosphure de calcium par la tubulure centrale (*fig.* 96). Le gaz est recueilli sur l'eau.

Propriétés. — Le phosphure d'hydrogène PH^3 est un gaz incolore, à odeur fétide rappelant celle de l'ail. Sa densité est 1,18. Il est vénéneux. Pur, il ne s'enflamme qu'à 100°.

Sa principale propriété chimique est d'être un agent réducteur : il réduit l'acide sulfurique, l'acide azotique et un grand nombre de dissolutions métalliques. Ainsi une dissolution de sulfate de cuivre l'absorbe rapidement, et le cuivre se trouve précipité à l'état de phosphure.

On utilise la flamme de l'hydrogène phosphoré dans les bouées de sauvetage, flotteurs spéciaux en liège, destinés à être jetés à l'eau au premier cri d'alarme. Au centre de la bouée se trouve une boîte métallique contenant une charge de phosphure de calcium, au contact duquel l'eau arrive, par une disposition spéciale, aussitôt après le lancement de la bouée. La flamme, très forte pendant quelques minutes, diminue rapidement, mais donne néanmoins une lumière visible pendant une heure dans un rayon de 3 kilomètres. Aujourd'hui on tend à éclairer les bouées par l'électricité.

COMPOSÉS OXYGÉNÉS DU PHOSPHORE

125. Composés oxygénés du phosphore. — Le composé oxygéné le plus important du phosphore est l'*anhydride phosphorique* P^2O^5, auquel correspondent trois acides par l'action de 1, 2, 3 mol. d'eau ; ce sont : l'*acide métaphosphorique* PO^3H ($P^2O^5 + H^2O = 2PO^3H$) ; l'*acide pyrophosphorique* $P^2O^7H^4$ ($P^2O^5 + 2H^2O = P^2O^7H^4$) ; et l'*acide orthophosphorique* ou acide phosphorique ordinaire PO^4H^3 ($P^2O^5 + 3H^2O = 2PO^4H^3$).

On peut citer en outre les acides phosphoreux PO^3H^3 et hypophosphorique $P^2O^6H^4$, qui se rencontrent dans les produits d'oxydation du phosphore à l'air humide.

126. Anhydride phosphorique, P^2O^5. — *L'anhydride phosphorique est le produit de la combustion vive du phosphore dans l'oxygène ou dans l'air secs.*

On obtient de l'anhydride phosphorique en enflammant un fragment de phosphore bien essuyé sous une cloche sèche reposant sur une assiette. Il se dépose sur les parois une neige fine que l'on ramasse rapidement pour la soustraire à l'action de l'humidité.

L'anhydride phosphorique se présente en flocons blancs, légers. Projeté dans l'eau, il fait entendre un bruit analogue à celui que produirait un fer rouge.

On se sert de l'anhydride phosphorique pour enlever de l'eau à certains composés organiques.

127. Acide orthophosphorique, PO^4H^3. — L'acide orthophosphorique s'obtient en chauffant doucement du phos-

Fig. 97. — Préparation de l'acide orthophosphorique.

phore rouge avec de l'acide azotique étendu dans une cornue de verre (*fig.* 97) : l'acide orthophosphorique formé reste dans la cornue, et l'acide azotique chargé de vapeurs nitreuses qui se dégage est condensé dans un ballon refroidi. Quand tout le phosphore a disparu, on concentre le contenu de la cornue jusqu'à 200° et on laisse refroidir : il se dépose des cristaux transparents d'acide orthophosphorique.

Dans l'industrie, on retire l'acide orthophosphorique des phosphates naturels ou des os (128).

Propriétés. — L'acide orthophosphorique se dissout dan l'eau en toutes proportions. Chauffé un peu au delà de 200°, il perd de l'eau et se transforme d'abord en acide pyrophosphorique :

$$2PO^4H^3 = H^2O + P^2O^7H^4,$$

puis, au rouge sombre, en acide métaphosphorique:

$$P^2O^7H^4 = H^2O + 2PO^3H.$$

Ce dernier est indécomposable par la chaleur.

Fonction chimique. — L'acide orthophosphorique est tribasique, les 3 atomes d'hydrogène qu'il renferme étant remplaçables par des métaux. Un métal monovalent, comme le sodium, fournit les orthophosphates : monosodique PO^4H^2Na, disodique PO^4HNa^2, trisodique PO^4Na^3 ; un métal divalent, comme le calcium, les orthophosphates monocalcique $(PO^4H^2)^2Ca$, dicalcique $(PO^4H)^2Ca^2$ et tricalcique $(PO^4)^2Ca^3$. Ce dernier constitue le phosphate de calcium naturel ; c'est lui également qui entre dans la composition des os.

Caractères. — On distingue l'acide phosphorique des acides méta et pyrophosphoriques par les caractères suivants :

Sa dissolution ne coagule pas l'albumine et ne précipite ni par le chlorure de baryum, ni par l'azotate d'argent. Neutralisée par l'ammoniaque, elle donne un précipité blanc avec le chlorure de baryum, et un précipité jaune avec l'azotate d'argent.

128. Extraction du phosphore. — Le phosphore s'extrait chimiquement des os préalablement calcinés ou des phosphates de calcium naturels. Les os calcinés contiennent 10% de carbonate de calcium, 83% de phosphate tricalcique, 3% de phosphate de magnésium, et 4% de fluorure de calcium.

1° *Extraction de l'acide phosphorique.* — On décompose les phosphates naturels ou les os, préalablement calcinés, par l'acide sulfurique. Cette opération se fait dans des cuves en bois doublées de plomb et chauffées par de la vapeur. En employant 3 molécules d'acide sulfurique pour 1 molécule de phosphate tricalcique, on obtient de l'acide phosphorique :

$$(PO^4)^2Ca^3 + 3SO^4H^2 = 2PO^4H^3 + 3SO^4Ca.$$

On enlève le sulfate de calcium, qui est insoluble dans une dissolution d'acide phosphorique. Le liquide sirupeux restant est mélangé à 25 % de charbon de bois, puis on calcine le tout au rouge sombre. L'acide phosphorique se transforme en acide métaphosphorique :

$$PO^4H^3 = PO^3H + H^2O.$$

2° *Réduction de l'acide métaphosphorique par le charbon.* — Le mélange provenant de l'opération précédente est enfin distillé dans des cornues en terre (*fig* 98), communiquant chacune par un tube de cuivre avec un réfrigérant en forme d'auge. Les réfrigérants contiennent de l'eau qui est chaude, afin de permettre au phosphore de fondre et de se rassembler à la partie inférieure. Il se dégage de l'oxyde de carbone :

Fig. 98. — Réduction de l'acide phosphorique par le charbon.

$$2PO^3H + 5C = 2P\nearrow + 5CO\nearrow + H^2O\nearrow.$$

3° *Purification du phosphore.* — Le phosphore brut ainsi obtenu est fondu sous l'eau, à l'aide d'un serpentin de vapeur en plomb, dans un vase garni intérieurement de plomb. On décante ensuite autant d'eau qu'on le peut pour que le phosphore ne s'enflamme pas et l'on ajoute au phosphore 4 % de bichromate de potassium. On met enfin un agitateur en mouvement et on ajoute un peu d'acide sulfurique. L'acide chromique formé oxyde les composés oxygénés inférieurs du phosphore et le phosphore obtenu est pur et presque incolore.

On raffine aussi le phosphore en le distillant dans des cornues en fer. Le phosphore raffiné est généralement moulé en bâtons prismatiques, qui sont livrés au commerce dans des vases en fer-blanc remplis d'eau.

Autre procédé. — On extrait aujourd'hui une certaine quantité de phosphore des phosphates naturels de calcium et d'aluminium (procédé Folie-Desjardins). Ce procédé consiste en principe à transformer ces phosphates en phosphate de sodium par le carbonate de sodium, puis à réduire ce phosphate par un mélange de silice et de charbon.

Extraction du phosphore par l'électrolyse. — On fabrique aujourd'hui beaucoup de phosphore en traitant par un courant électrique un mélange de phosphate de calcium naturel, de sable et de charbon. Ces substances, réduites en poudre et intimement mélangées, sont intre duites dans un *four é[illegible] trique* (*fig.* 99) par [illegible] trémie de charge[illegible]t munie de deux registres et d'une vis d'Archimède.

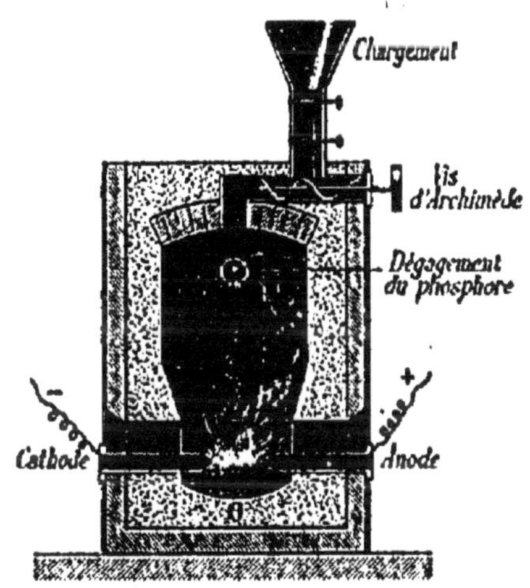

Fig. 99. — Four électrique pour l'extraction du phosphore.

Les électrodes sont des cylindres de charbon fixés dans des douilles métalliques reliées aux pôles d'une machine dynamo-électrique. Dès que le courant passe, il se dégage des vapeurs de phosphore ; on les reçoit d'abord dans un vase contenant de l'eau chaude, puis dans un second vase contenant de l'eau froide. De temps à autre, on retire des scories par l'ouverture

O et on introduit par la trémie une nouvelle quantité de mélange. La fabrication est ainsi continue.

RÉSUMÉ DU CHAPITRE XV

Le *phosphore* (P = 31) est très répandu à l'état de phosphates, principalement de phosphate de calcium.

C'est un solide jaunâtre, mou, à odeur alliacée. Il se dissout facilement dans le sulfure de carbone et fond à 44°.

Le phosphore est caractérisé par son affinité pour l'oxygène. Il s'oxyde lentement à la température ordinaire en émettant des vapeurs qui luisent dans l'obscurité (phosphorescence). A 60°, il prend feu et brûle avec une flamme brillante en donnant de l'anhydride phosphorique. Il est dangereux à manier quand il est sec. Dans le chlore, il s'enflamme spontanément.

Un grand nombre de composés oxygénés sont réduits par le phosphore : acide azotique, oxydes métalliques. Il en est de même des dissolutions des sels de cuivre, d'argent.

Le phosphore sert principalement dans la fabrication des allumettes chimiques.

Le composé le plus important du phosphore et de l'oxygène est l'anhydride phosphorique P^2O^5, auquel correspondent trois hydrates : les acides méta, pyro et orthophosphoriques.

L'*anhydride phosphorique* P^2O^5 est le produit de la combustion vive du phosphore dans l'air ou dans l'oxygène secs. Il est en flocons blancs.

L'*acide orthophosphorique* ou acide phosphorique ordinaire PO^4H^3 s'obtient en chauffant du phosphore rouge avec de l'acide azotique étendu, dans une cornue de verre.

CHAPITRE XVI

ARSENIC. — ANTIMOINE. — BORE

129. Arsenic. Appareil de Marsh. — L'arsenic (As = 75) est très répandu dans la nature, surtout à l'état de sulfures (réalgar As^2S^2, orpiment As^2S^3).

C'est un corps solide, gris d'acier, cassant. Il brûle dans l'oxygène, à une température assez élevée, avec une flamme verdâtre, en produisant des fumées blanches d'anhydride arsénieux.

On emploie une petite quantité d'arsenic pour la fabrication du plomb de chasse.

L'*anhydride arsénieux* As^2O^3, appelé aussi arsenic blanc, est un solide blanc, peu soluble dans l'eau. Il est réduit par le carbone et par l'hydrogène. C'est un poison violent, qui perfore les parois de l'estomac. A petite dose, il est employé en médecine pour combattre l'asthme. On en consomme de grandes quantités dans la fabrication de certaines matières colorantes, comme le vert de Scheele.

L'*acide arsénique ordinaire* AsO^4H^3 ou acide orthoarsénique se prépare en oxydant l'anhydride arsénieux par l'acide azotique. Il se présente en petits cristaux. C'est un poison violent. On l'emploie dans la fabrication de la fuchsine ou rouge d'aniline.

L'*appareil de Marsh* a pour but de caractériser les composés oxygénés de l'arsenic dans une substance quelconque. Il comprend un flacon à hydrogène (*fig.* 100) communiquant avec un large tube qui renferme du coton pour retenir les gouttelettes d'eau entraînées et est terminé par un tube effilé. Dans le flacon on met un peu d'eau, du zinc pur et de l'acide sulfurique pur (le zinc et l'acide du commerce contiennent presque toujours de l'arsenic). Quand tout l'air est expulsé, on enflamme le jet d'hydrogène, puis on introduit quelques gouttes d'une dissolution d'anhydride arsénieux par le tube à entonnoir : ce composé est aussitôt réduit par l'hydrogène et transformé en arséniure d'hydrogène AsH^3, gaz combustible ; la flamme de l'hydrogène s'allonge, devient livide et répand des fumées blanches d'anhydride arsénieux. Si, à ce moment, on l'écrase légèrement avec une soucoupe sèche, on obtient sur celle-ci des taches d'arsenic. Ces taches sont noires et brillantes, surtout au centre ; elles disparaissent si on les chauffe fortement ; l'eau de chlore les dissout facilement.

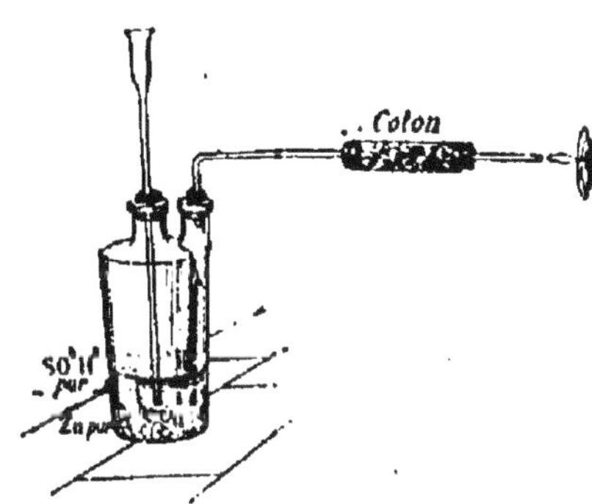

Fig. 100. — Appareil de Marsh.

130. Antimoine : Sb = 120. — L'antimoine est surtout répandu dans la nature à l'état de *stibine* ou sulfure d'antimoine Sb^2S^3. Il a l'aspect métallique. Il fond à 425°. Chauffé fortement, puis projeté sur le sol, il s'éparpille en gouttelettes incandescentes accompagnées de fumées épaisses d'oxyde Sb^2O^3.

L'antimoine entre dans la composition d'un certain nombre d'alliages : alliage des caractères d'imprimerie, etc.

Le *noir d'antimoine*, employé pour bronzer le plâtre, les métaux, est de l'antimoine qui a été précipité en poudre fine d'un sel d'antimoine par le fer ou le zinc.

131. Bore : B = 11. — Le bore existe dans la nature à l'état d'acide borique, et surtout de borax ou borate de sodium. Il se présente le plus souvent à l'état amorphe. C'est alors une poudre verdâtre qui, chauffée à l'air, brûle avec une vive lumière en donnant de l'anhydride borique B^2O^3. C'est un réducteur énergique.

132. Acide borique, BO^3H^3. — L'acide borique correspond à l'anhydride borique B^2O^3. On en rencontre de petites quantités dans les vapeurs volcaniques. Il existe en dissolution dans certains lacs de Toscane, où il est amené par de la vapeur d'eau s'échappant des fissures du sol. Les borates naturels sont nombreux et abondamment répandus ; le plus important est le borax ou borate de sodium.

Préparation. — L'acide borique s'obtient dans les laboratoires en décomposant le borax ou borate de sodium par l'acide chlorhydrique. On verse peu à peu de l'acide chlorhydrique dans une dissolution bouillante de borax, jusqu'à ce qu'un papier bleu de tournesol y prenne une teinte rouge pelure d'oignon. Par refroidissement, l'acide borique cristallise.

Dans l'industrie, on retire l'acide borique soit des lacs de Toscane par évaporation, soit des borates naturels que l'on décompose à chaud par l'acide chlorhydrique.

Propriétés. — L'acide borique se présente en petites lamelles nacrées, peu solubles dans l'eau froide, plus solubles dans l'eau bouillante et dans l'alcool dont il colore la flamme en vert. C'est un acide faible. Chauffé, il fond, perd de l'eau et se transforme en anhydride borique B^2O^3 qui, par refroidissement, se prend en une masse vitreuse.

L'anhydride borique fondu possède la propriété importante de dissoudre un grand nombre d'oxydes métalliques en formant par refroidissement des masses vitreuses dont la couleur est caractéristique de l'oxyde. Cette propriété le fait employer dans les analyses par voie sèche.

Usages. — L'acide borique sert principalement à fabriquer le borax. En médecine, on l'emploie comme antiseptique dans le pansement des plaies et en lotions contre les parasites de la peau. Les mèches des bougies sont imprégnées d'une dissolution de cet acide dans l'acide sulfurique : par la chaleur que dégage la combustion, l'acide borique rassemble les cendres de la mèche en un petit globule vitreux qui, par son poids, force celle-ci à s'incliner pour être consumée entièrement, puis tombe et disparaît.

RÉSUMÉ DU CHAPITRE XVI

L'*acide borique* BO^3H^3 correspond à l'anhydride B^2O^3, seul composé du bore et de l'oxygène. Cet acide est très répandu dans la nature, principalement à l'état de borates. On l'extrait du borax ou borate de sodium en décomposant celui-ci par l'acide chlorhydrique. Il est en paillettes nacrées, solubles dans l'eau bouillante et dans l'alcool. Chauffé, il se transforme en anhydride borique B^2O^3.

L'acide borique sert à fabriquer le borax. C'est un antiseptique. On en imprègne les mèches des bougies.

IV. — MÉTALLOÏDES TÉTRAVALENTS

CHAPITRE XVII

CARBONE

Symbole : C. M. atomique : 12.

133. **État naturel.** — Le carbone se présente à l'état

libre sous un grand nombre de variétés plus ou moins pures que l'on réunit sous le nom de *charbons naturels* ; les principales sont : le diamant, le graphite et la houille. Il entre dans la constitution du gaz carbonique, des carbonates, et en général, de tous les composés dits *organiques*.

134. Propriétés physiques générales. — Les variétés de carbone se présentent sous divers aspects, et la plupart de leurs propriétés physiques diffèrent sensiblement d'une variété à l'autre.

Le carbone, sous toutes ses variétés, est remarquable par sa fixité. Il ne se volatilise que dans l'arc électrique, à une température que l'on évalue à 3 500°. Il n'est soluble que dans certains métaux en fusion comme l'argent, la fonte de fer.

135. Propriétés chimiques. — La propriété chimique la plus importante du carbone est son affinité pour l'*oxygène* ; au rouge sombre, il brûle dans ce gaz ou dans l'air et se transforme en gaz carbonique CO^2. Si le carbone est pur, 12 grammes de ce corps s'unissent par la combustion à 32 grammes d'oxygène et forment 44 grammes de gaz carbonique :

$$C + 2O = CO^{2-v} ;$$

mais si la quantité d'oxygène n'atteint pas cette proportion, la combustion est incomplète et il y a production d'oxyde de carbone CO.

Le *soufre* s'unit également au carbone, sous l'action de la chaleur, et donne le sulfure de carbone CS^2, liquide à odeur fétide. Avec l'*hydrogène*, le carbone forme un nombre presque illimité de composés appelés carbures d'hydrogène, dont les principaux sont : le méthane CH^4, l'éthylène C^2H^4, et l'acétylène C^2H^2.

Action sur les composés. — A cause de son affinité pour l'oxygène, le carbone est un *réducteur* énergique. Il décompose un grand nombre de composés oxygénés, tels que l'eau, l'acide sulfurique, l'acide azotique, les oxydes métalliques, etc.

Fig. 101. — Décomposition de l'eau par le charbon.

L'*eau* est décomposée au rouge avec production d'hydrogène, oxyde de carbone et gaz carbonique :

$$C + H^2O = CO \nearrow + 2H \nearrow,$$
$$C + 2H^2O = CO^2 \nearrow + 4H \nearrow.$$

On obtient un mélange de ces trois gaz en éteignant des charbons incandescents sous une cloche remplie d'eau (*fig.* 101).

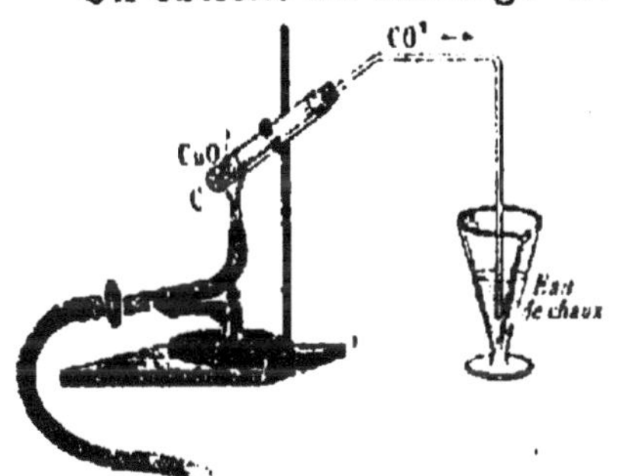

Fig. 102. — Réduction de l'oxyde de cuivre par le charbon.

Les oxydes métalliques sont aussi réduits par le carbone. L'oxyde de cuivre, chauffé légèrement avec du charbon de bois pulvérisé dans un tube de verre (*fig.* 102), laisse un résidu de cuivre métallique, en même temps que le gaz carbonique dégagé trouble l'eau de chaux dans laquelle on le fait arriver :

$$2CuO + C = 2Cu + CO^2 \nearrow.$$

Au contraire, l'oxyde de zinc, décomposable seulement à une température élevée, produit de l'oxyde de carbone :

$$ZnO + C = Zn + CO^{\prime}.$$

Cette réduction des oxydes métalliques par le charbon a une importance capitale dans le traitement des minerais, en métallurgie.

CHARBONS NATURELS

136. Diamant. — Le diamant est du carbone presque pur cristallisé. On ne le rencontre qu'en petite quantité, disséminé dans les sables dits d'alluvion, au Brésil, dans l'Inde et surtout au cap de Bonne-Espérance; les cristaux sont quelquefois incolores, mais le plus souvent ils sont colorés en jaune, rose, bleu ou noir.

Le diamant présente un éclat particulier : convenablement taillé, il produit ces jeux de lumière qui le font si rechercher. Sa dureté est très grande et il ne peut être poli que par sa propre poussière, que l'on appelle *égrisée.*

Fig. 103. — Diamants taillés : 1, en rose. 2, en brillant.

La masse spécifique du diamant est de 3g,5. C'est un corps mauvais conducteur de la chaleur et de l'électricité.

Usages. — Les diamants les plus limpides sont seuls utilisés en joaillerie. Auparavant on les polit et on leur donne une forme particulière (*fig.* 103) destinée à augmenter leur éclat en favorisant les jeux de lumière.

Les diamants non susceptibles d'être taillés servent, en

raison de leur dureté, à fabriquer les outils pour couper le verre et graver les pierres dures. On en garnit quelquefois les forets destinés au percement des tunnels, au forage des puits.

Le prix des diamants est très variable suivant leurs dimensions, leur taille et leur transparence ; l'unité de masse est le *carat*, qui équivaut à 0g,205 et dont la valeur peut varier de 30fr à plus de 300fr ; au delà, le prix est sensiblement proportionnel au carré du nombre des carats.

Parmi les diamants célèbres, nous citerons le Régent, qui était un des diamants de la couronne de France ; il pèse 137 carats et est estimé environ 8 millions. Le Grand Mogol, appartenant à la Perse, pèse 279 carats et vaut 11 millions.

137. Graphite. — Le graphite, appelé aussi *plombagine* ou *mine de plomb*, est encore du carbone renfermant très peu d'impuretés. On le trouve en masses compactes cristallines assez abondantes dans les terrains primitifs, principalement en Sibérie. Il est opaque, d'un gris d'acier, gras au toucher, assez tendre pour tacher les doigts et laisser une trace sur le papier. Sa masse spécifique varie entre 2g,1 et 2g,3. Il est bon conducteur de la chaleur et de l'électricité.

Usages. — C'est avec le graphite que l'on fabrique les crayons ordinaires ; mélangé avec de l'argile, il constitue les crayons Conté. On emploie le graphite en poussière délayée dans l'huile pour noircir les objets en tôle et les protéger ainsi contre la rouille. On en fait des creusets résistant aux hautes températures des fourneaux de laboratoire.

138. Anthracite. — L'anthracite ou charbon de pierre renferme environ 10 % de matières étrangères. Il est dur, d'un noir brillant. C'est un bon combustible quand le tirage est suffisant. On le trouve dans les terrains antérieurs au terrain carbonifère en Angleterre ; en France, près d'Angers, à Moutiers (Savoie) et à la Mure (Isère).

139. Houilles. — Les houilles sont des charbons naturels renfermant de 75 à 88 % de carbone; on les trouve surtout dans le terrain dit *houiller,* dans lequel elles forment ordinairement des lits plus ou moins épais appelés *veines.*

Les houilles se présentent en masses noires brillantes, à structure feuilletée et portant assez souvent des empreintes de feuilles qui démontrent leur origine végétale.

Les houilles dites *grasses* (houilles de St-Étienne, de Mons) produisent en brûlant une flamme longue, fuligineuse, et se boursouflent beaucoup; elles sont préférées pour les travaux de forge et pour la fabrication du gaz d'éclairage.

Les houilles *maigres* brûlent sans flamme et dégagent moins de chaleur que les houilles grasses: on les emploie pour la cuisson des briques, de la chaux et dans l'industrie céramique.

Les houilles *demi-grasses* ont une cassure brillante et contiennent souvent de la pyrite de fer. On les emploie pour le chauffage des chaudières à vapeur et des fours divers.

Enfin le *boghead* et le *cannel-coal,* que l'on rencontre surtout en Écosse, ont une couleur noir-jaune et contiennent des substances bitumineuses. Par la distillation sèche, ils donnent un gaz très éclairant, ce qui fait employer ces charbons mélangés à la houille pour augmenter le pouvoir éclairant du gaz ordinaire.

140. Lignites. — Les lignites sont plus impurs que la houille. Ils sont bruns ou noirs et brûlent avec une flamme peu chaude, accompagnée d'une fumée noire désagréable. Certaines variétés sont brillantes et assez dures pour pouvoir être travaillées au tour; on les emploie sous le nom de *jais, jayet* ou *ambre noir,* pour faire des ornements de deuil.

141. Tourbe. — La tourbe provient de la décomposition de plantes marécageuses. Séchée et comprimée, elle constitue un assez bon combustible. En France, on l'extrait en grande partie des marais de la vallée de la Somme.

La tourbe est remarquable par son pouvoir antiseptique et surtout par son pouvoir absorbant. On associe les fibres de tourbe à la laine de brebis pour faire des tissus hygiéniques (lainage à la ouate de tourbe). On utilise la tourbe pour faire la litière des chevaux. On pratique ainsi une économie très notable sur la paille. Le fumier de tourbe est livré à l'agriculture.

CHARBONS ARTIFICIELS

142. Coke. — C'est le résidu de la calcination de la houille en vase clos ; on l'obtient comme produit accessoire dans la fabrication du gaz d'éclairage. Il renferme en moyenne 90 % de carbone.

Le coke est grisâtre, boursouflé et très léger. Il brûle presque sans flamme et sans répandre d'odeur désagréable ; mais il ne s'allume qu'assez difficilement et sa combustion doit être activée par un courant d'air.

Le coke provenant de la fabrication du gaz ne peut. en raison de son petit volume et de son titre relativement élevé en cendres et faible en carbone, servir aux usages métallurgiques ; aussi est-il consommé presque exclusivement dans les ménages et les petits foyers industriels. Pour la métallurgie, on prépare spécialement du coke en carbonisant la houille en grandes masses afin d'avoir un produit dur et fortement aggloméré.

143. Charbon de cornues. — Ce charbon se dépose sous forme de croûte dure sur les parois des cornues dans lesquelles on distille la houille. Il est noir, brillant, sonore, bon conducteur. On l'utilise dans les éléments de pile Bunsen ; on en fait aussi des creusets et des tubes infusibles.

144. Charbon de bois. — Le charbon de bois est le produit de la combustion incomplète du bois ou de la distillation en vase clos.

Dans les contrées forestières, on empile des rondins de bois en plusieurs couches de manière à former une meule (*fig.* 104), que l'on recouvre de terre. On a ménagé une cheminée centrale ainsi que des canaux horizontaux afin qu'il puisse s'établir un courant d'air suffisant pour la combustion. On met le feu en jetant du bois enflammé par la cheminée, et, à l'aide d'ouvertures pratiquées successivement de haut en bas, on règle la combustion de manière qu'elle se propage peu à peu dans toute la meule ; après quoi, on bouche toutes les ouvertures pour intercepter l'arrivée de l'air et on laisse refroidir.

Fig. 104. — Combustion incomplète du bois en meules.

Ce procédé donne un faible rendement (18 à 20 % de charbon de bois), et de plus, tous les produits volatils que le bois a dégagés sont perdus. En revanche, il est très expéditif et peut s'appliquer sur place.

La carbonisation du bois en vase clos *(procédé des cylindres)* donne un rendement plus élevé (27 %), et permet de recueillir les produits volatils : esprit de bois, acide acétique, etc...

Propriétés. — Le charbon de bois est noir, sonore, fragile et poreux ; sa cassure est brillante. Il possède la propriété importante d'absorber les gaz, généralement en quantité d'autant plus grande que ceux-ci sont plus solubles dans l'eau.

Ainsi 1 vol. de charbon de bois peut absorber à la température ordinaire 90 vol. de gaz ammoniac, 85 d'acide chlorhydrique, 65 de gaz sulfureux, 7,5 d'azote et seulement 1,75 d'hydrogène, etc. Si, après avoir éteint sous le mercure un fragment de charbon de bois incandescent, on l'introduit sous une éprouvette remplie de gaz ammoniac, on voit le niveau du mercure monter rapidement par suite de l'absorption du gaz.

Usages. — Cette propriété absorbante est mise à profit pour enlever toute mauvaise odeur aux viandes avariées, pour désinfecter les fosses d'aisance et surtout les eaux stagnantes. Il suffit de filtrer ces eaux à travers une couche de charbon de bois comprise entre deux couches de sable pour les rendre inodores et propres aux usages domestiques; mais c'est surtout comme combustible, dans les cuisines, que le charbon de bois est utilisé.

145. Noir de fumée. — Le noir de fumée est le dépôt pulvérulent que produit la combustion incomplète des substances riches en carbone, comme les résines, les essences. Si l'on enflamme, par exemple, de l'essence de térébenthine dans une soucoupe (*fig.* 105), elle brûle avec une flamme fuligineuse, et une assiette placée au-dessus de cette flamme se recouvre de noir de fumée.

Fig. 105. — Production de noir de fumée par combustion de l'essence de térébenthine.

Dans l'industrie, on brûle du goudron ou des résines dans une marmite chauffée par un foyer (*fig.* 106); le noir de fumée se débarrasse des liquides entraînés dans un condenseur, puis il va se déposer dans de grandes chambres dont les parois sont recouvertes de toiles.

Propriétés et usages. — Le noir de fumée se présente en poudre noire très légère et grasse au toucher. Il entre dans la composition des encres d'imprimerie et des imitations d'encre de Chine. On l'emploie dans la peinture en bâtiments. Les crayons noirs des dessinateurs sont fabriqués avec un mélange d'argile et de noir de fumée.

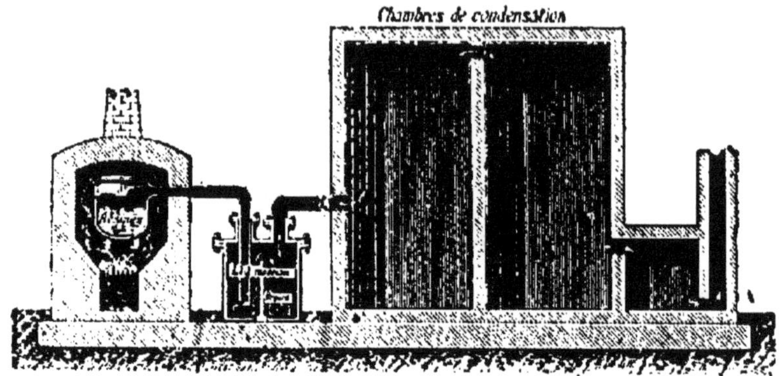

Fig. 106. — Préparation du noir de fumée.

146. Noir animal. — Ce charbon est le résidu de la calcination des os en vase clos. Quand les os sont ainsi chauffés, la matière organique se détruit et imprègne la matière minérale d'un résidu de carbone.

Dans l'industrie, on carbonise les os dans des cornues verticales en fonte montées sur une double ligne de chaque côté d'un foyer (*fig.* 107). Quand le noir est cuit, on ouvre brusquement le tampon de décharge et on reçoit d'un seul coup la charge dans un wagonnet en tôle, qu'on recouvre immédiatement pour étouffer le noir rouge et l'empêcher de brûler.

Propriétés et usages. — Le noir animal forme des grains noirs, irréguliers, ne renfermant que 10 à 12 °/ₒ de carbone ; le reste est presque entièrement formé de phosphate et de carbonate de calcium.

Il est remarquable par l'action absorbante qu'il exerce sur les substances dissoutes dans l'eau et principalement sur les matières colorantes. C'est ainsi que du vin rouge, de la teinture bleue de tournesol, etc., filtrés à travers du noir animal, deviennent incolores.

Cette action est utilisée pour décolorer les sirops de sucre,

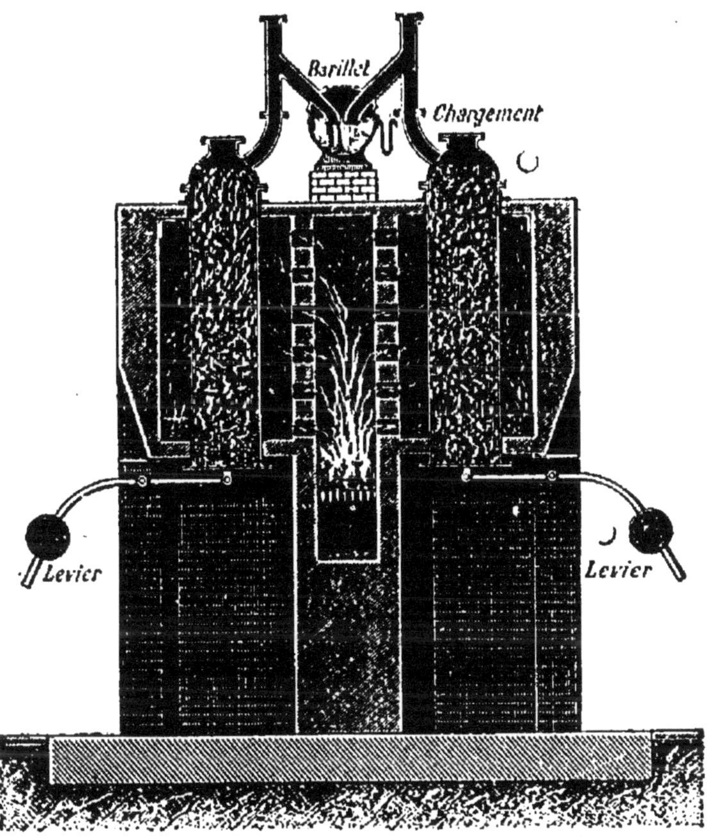

FIG. 107. — Four à carboniser les os pour noir animal.

les miels, blanchir la glycérine, pour épurer un certain nombre de produits organiques (vaseline, huiles, etc). Le noir animal en poudre entre dans la composition des cirages.

RÉSUMÉ DU CHAPITRE XVII

Le *carbone* (C = 12) est très répandu dans la nature, soit presque pur (diamant, graphite), soit associé à des matières étrangères (houille). Ces variétés constituent les charbons naturels.

Le carbone est combustible : 12g de carbone pur brûlent en s'unissant à 32g d'oxygène et forment 44g de gaz carbonique. C'est un réducteur énergique ; il décompose l'eau au rouge et réduit la plupart des oxydes métalliques en mettant le métal en liberté.

Principaux charbons naturels. — Le diamant est du carbone presque pur, cristallisé ; il est très dur et mauvais conducteur de la chaleur et de l'électricité. On le taille avec sa propre poussière.

Le graphite ou plombagine est d'un gris d'acier, tendre, bon conducteur de la chaleur et de l'électricité. Il sert à fabriquer les crayons, à noircir les objets en tôle, etc.

Les houilles sont des charbons naturels renfermant de 75 à 88 % de carbone. Elles sont noires, luisantes, fragiles. On les trouve abondamment dans le terrain houiller.

Principaux charbons artificiels. — Le charbon de bois s'obtient par la combustion incomplète du bois ou par sa distillation en vase clos. Il est fragile, poreux. Il a la propriété de condenser les gaz dans ses pores ; aussi est-il employé comme désinfectant.

Le noir de fumée provient de la combustion incomplète des résines. Il est noir, pulvérulent. On l'emploie surtout pour fabriquer les encres d'imprimerie.

Le noir animal est le résidu de la calcination des os en vase clos ; il ne renferme que 10 % de carbone. Il absorbe facilement les matières colorantes, ce qui le fait employer comme décolorant.

CHAPITRE XVIII

COMPOSÉS OXYGÉNÉS ET SULFURÉS DU CARBONE. — SILICE.

ANHYDRIDE CARBONIQUE

Formule : CO^2. M. moléculaire : 44.

147. État naturel. — L'anhydride carbonique, appelé aussi *gaz carbonique,* est très répandu dans la nature. Ses sources principales sont : la combustion des substances renfermant du carbone, la respiration des animaux et des végétaux, la fermentation alcoolique et la calcination des calcaires. Il s'en dégage du sol, près des volcans, dans les grottes naturelles, comme la grotte du Chien, près de Naples. Enfin le gaz carbonique entre dans la composition de nombreux carbonates naturels comme la craie ou carbonate de calcium.

148. Préparation. — Dans les laboratoires, *on prépare le gaz carbonique en décomposant le carbonate de calcium* (craie ou marbre) *par l'acide chlorhydrique :*

$$CO^3Ca + 2HCl = CaCl^2 + H^2O + CO^2 \nearrow.$$

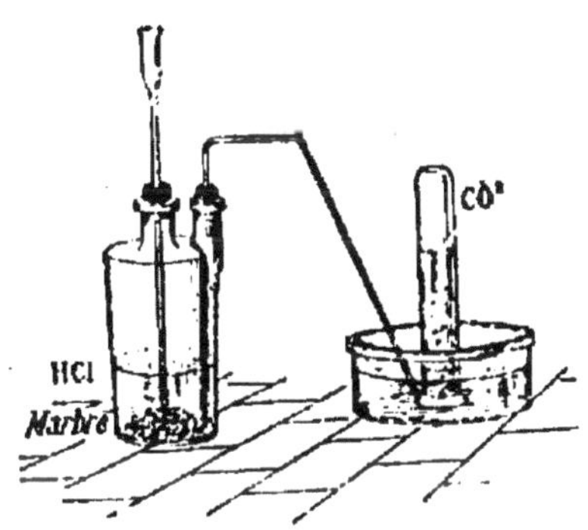

Fig. 108. — Préparation du gaz carbonique.

L'opération se fait à froid dans un appareil à hydrogène (*fig.* 108) ; on y introduit de l'eau et des fragments de marbre blanc, puis on verse peu à peu de l'acide chlorhydrique par le tube à entonnoir. Il se produit une vive effervescence : le gaz carbonique se dégage et est recueilli sur l'eau.

Industriellement, le gaz carbonique destiné à la fabrication des eaux gazeuses artificielles est obtenu en traitant la craie par l'acide sulfurique dans de grands appareils en plomb :

$$CO^3Ca + SO^4H^2 = SO^4Ca + H^2O + CO^2 \nearrow.$$

Le sulfate de calcium étant insoluble dans l'eau, il est nécessaire d'employer un agitateur pour empêcher ce sel d'encroûter la craie, ce qui arrêterait la réaction.

Dans les industries qui exigent à la fois du gaz carbonique et de la chaux, comme l'industrie du sucre, par exemple, on

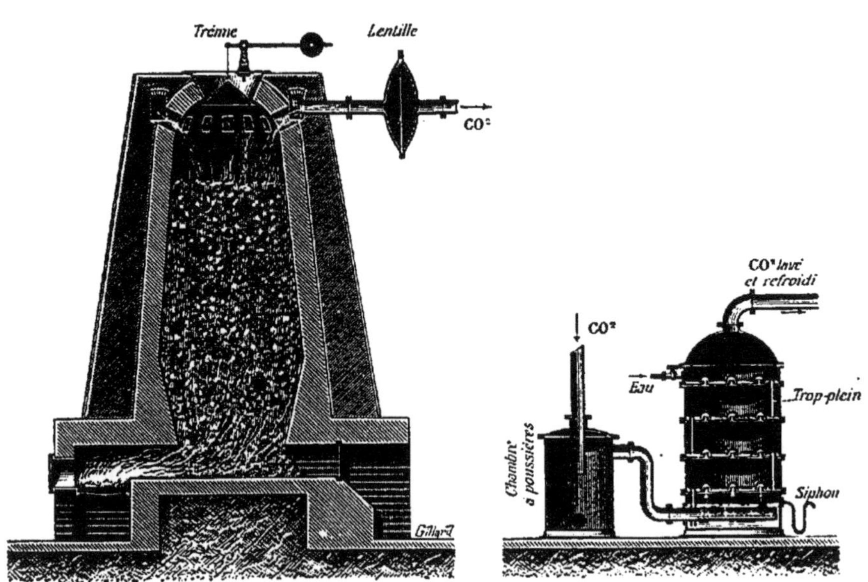

Fig. 109. — Four pour la fabrication continue du gaz carbonique.

calcine les calcaires naturels; il se dégage du gaz carbonique et le résidu est de la chaux vive :

$$CO^3Ca = CaO + CO^2 \nearrow.$$

Cette calcination se fait dans de grands fours à enveloppe métallique, munis de plusieurs foyers latéraux, d'un même nombre de portes de défournement pour la chaux vive, et d'une trémie conique pour le chargement (*fig.* 109). On y introduit des couches successives de calcaire mélangé à 10 °/₀ de coke. Les gaz qui se dégagent sont reçus dans une galerie circulaire et se refroidissent dans une longue conduite qui porte une lentille faisant soufflet pour la dilatation de la conduite ; ils passent ensuite dans une chambre à poussières et finalement traversent de bas en haut un laveur muni de cloches et de trop-pleins, permettant à l'eau de circuler de haut en bas. A la sortie du laveur, les gaz sont aspirés par une pompe ; ils contiennent de 18 à 28 °/₀ de gaz carbonique.

Enfin la fermentation alcoolique fournit à l'industrie une grande quantité de gaz carbonique.

149. Propriétés physiques. — L'anhydride carbonique est un gaz incolore, à odeur légèrement piquante, à saveur aigrelette. Sa densité est de 1,529. Cette grande densité peut être mise en évidence en maintenant verticalement, l'ouverture en bas, une éprouvette pleine de ce gaz ; elle ne tarde pas à se remplir d'air. Si l'on versait, à la manière d'un liquide, le gaz carbonique contenu dans l'éprouvette sur une bougie allumée (*fig.* 110), la bougie s'éteindrait immédiatement, car ce gaz n'entretient pas la combustion.

Fig. 110. — Extinction d'une bougie par le gaz carbonique.

Le gaz carbonique est soluble dans son volume d'eau à

15°. Cette solubilité est, comme celle des autres gaz, proportionnelle à la pression ; c'est ainsi que l'eau de Seltz, qui est une dissolution de gaz carbonique faite sous pression de 5 à 6^{kg}, peut dégager de 5 à 6 fois son volume de ce gaz.

Liquéfaction. — L'anhydride carbonique est facilement liquéfiable ; on l'obtient en effet à l'état liquide à 0° sous une pression de 36 kilogrammes.

On prépare l'anhydride liquide en comprimant le gaz dans des réservoirs refroidis par de la glace. Il est vendu dans des cylindres en fer forgé contenant 8 kilogrammes d'anhydride liquide, représentant 3 500 litres de gaz carbonique mesurés sous la pression ordinaire. C'est un liquide très mobile ; en s'évaporant à l'air, il produit un abaissement de température suffisant pour qu'une partie du liquide se solidifie sous forme de flocons neigeux, lesquels peuvent être recueillis dans des boîtes mauvaises conductrices. Cette neige ne mouille pas les corps ; mais, mélangée à de l'éther et soumise à une évaporation rapide dans le vide, elle abaisse la température à — 110° ; aussi est-elle utilisée pour produire de très grands froids. Quant à l'anhydride liquide, on l'emploie pour exercer des pressions, principalement la pression nécessaire au débit de la bière. On le vend dans de petites boules d'acier (sparklets) pour « champagniser » instantanément n'importe quelle boisson.

Action sur l'organisme. — Le gaz carbonique est irrespirable. Dans une atmosphère qui en contient environ 30 %, le sang veineux ne peut plus dégager le gaz carbonique qu'il contient ; de là la mort par asphyxie. L'asphyxie est très rapide quand ce gaz se dégage brusquement en grande quantité ; on connaît les accidents nombreux qui ont été occasionnés par les fours à chaux, les cuves de fermentation, etc. ; aussi est-il prudent, avant de pénétrer dans un endroit où le gaz carbonique a pu s'accumuler, de s'assurer qu'une bougie allumée y brûle tranquillement.

Au contact de la peau, le gaz carbonique détermine une

sensation de chaleur ; on l'administre quelquefois en douches gazeuses comme stimulant. Introduit en dissolution à l'intérieur (eau de Seltz), il rafraîchit, désaltère et active les sécrétions de l'estomac.

150. Propriétés chimiques. — Le gaz carbonique n'est pas combustible et n'entretient pas la combustion.

Il est réduit au rouge par un certain nombre de corps avides d'oxygène, comme l'hydrogène, le carbone, le potassium.

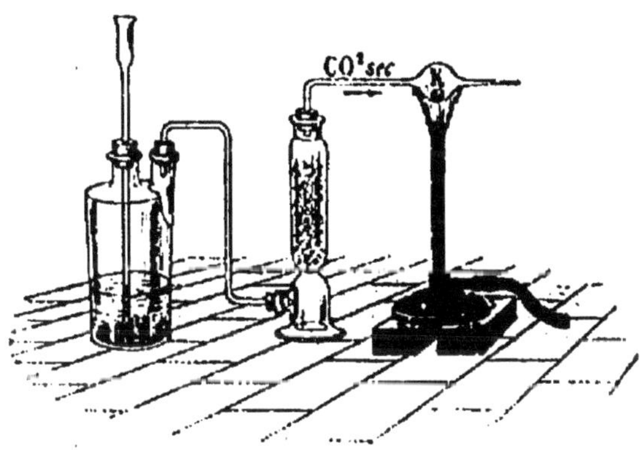

Fig. 111. — Réduction du gaz carbonique par le potassium.

Si l'on chauffe légèrement un fragment de potassium dans un courant de gaz carbonique sec (*fig.* 111), le potassium s'enflamme et brûle avec une flamme rougeâtre très vive en produisant un dépôt de charbon entouré d'une couronne blanche de carbonate de potassium.

151. Acide carbonique. — L'acide carbonique CO^3H^2 correspondant à l'anhydride carbonique est inconnu, mais on admet qu'il existe dans la dissolution aqueuse de ce dernier. Quelques gouttes de tournesol bleu introduites dans une éprouvette pleine de gaz carbonique se colorent en effet en un rouge vineux. Si l'on remplace le tournesol par de l'eau de chaux ou de l'eau de baryte, elles absorbent le gaz, se troublent, et il se forme un précipité blanc de carbonate de calcium ou de carbonate de baryum. La potasse absorbe également le gaz carbonique avec une grande facilité ; aussi est-elle fréquemment employée pour le doser dans un mélange gazeux.

L'acide carbonique serait bibasique ; on connaît en effet deux carbonates de potassium : le carbonate acide ou bicarbonate CO [illegible] le carbonate neutre CO^3K^2.

152. Caractères. — L'anhydride carbonique se distingue des autres gaz par l'ensemble des caractères suivants :

1° Il n'est pas combustible et n'entretient pas la combustion ;

2° Il trouble l'eau de chaux et l'eau de baryte ;

3° il est absorbé par la potasse caustique.

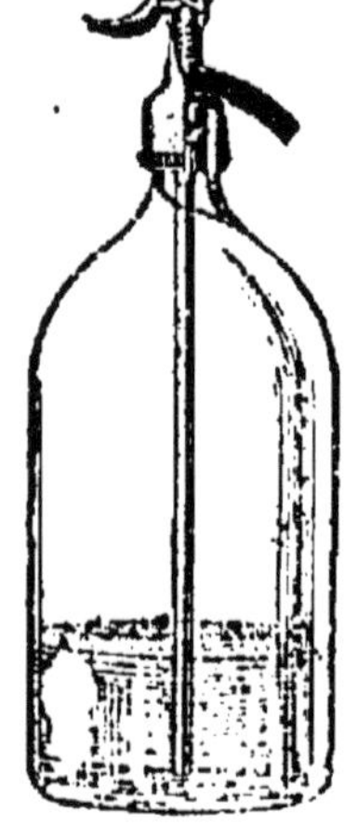

FIG. 112. — Siphon d'eau de Seltz.

153. Usages. — Le gaz carbonique joue un rôle considérable dans la nutrition des plantes vertes. Il sert à fabriquer la céruse, le bicarbonate de sodium. On en emploie de grandes quantités dans l'industrie du sucre, dans la fabrication des limonades et eaux gazeuses artificielles, comme l'eau de Seltz. Celle-ci est livrée à la consommation dans des siphons, d'où, en soulevant une soupape, elle s'échappe par la pression du gaz quand on appuie sur un levier extérieur (*fig.* 112).

OXYDE DE CARBONE

Formule : CO. M. moléculaire : 28.

154. Formation. — L'oxyde de carbone se produit quand du carbone brûle en présence d'une quantité d'air insuffisante, ou quand du gaz carbonique se trouve en présence de charbon incandescent, ou encore quand des oxydes difficilement réductibles sont réduits par du carbone.

Les hauts fourneaux et en général tous les fours dans lesquels on traite du minerai par le charbon, rejettent de grandes quantités d'oxyde de carbone. Ce gaz se dégage également des foyers dont la cheminée a un tirage insuffisant ; c'est lui qui produit ces flammes bleues que l'on voit quelquefois à la surface du charbon allumé.

155. **Préparation.** — *On prépare l'oxyde de carbone en*

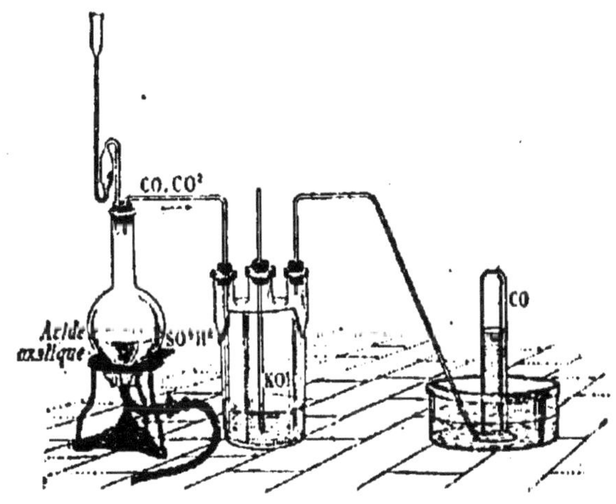

Fig. 113. — Préparation de l'oxyde de carbone.

décomposant l'acide oxalique $C^2O^4H^2$ *par l'acide sulfurique concentré.*

L'acide oxalique se dédouble en oxyde de carbone, gaz carbonique et eau ; celle-ci est retenue par l'acide sulfurique, et il se dégage un mélange d'oxyde de carbone et de gaz carbonique :

$$C^2O^4H^2 = H^2O + CO^2\nearrow + CO\nearrow.$$

On introduit dans un ballon des quantités égales d'acide oxalique et d'acide sulfurique concentré, puis on chauffe modérément. Les gaz se dégagent très régulièrement ; ils traversent un flacon contenant une dissolution de potasse, qui retient le gaz carbonique; l'oxyde de carbone est recueilli sur la cuve à eau (*fig*. 113).

On obtient encore de l'oxyde de carbone en chauffant dans l'appareil précédent du *ferrocyanure de potassium* pulvérisé avec de l'acide sulfurique, ou bien en réduisant de l'oxyde de zinc par le charbon dans une petite cornue en grès fortement chauffée.

156. Propriétés physiques. — L'oxyde de carbone est un gaz incolore, inodore, très peu soluble dans l'eau. Sa densité est 0,96.

Action sur l'organisme. — L'oxyde de carbone est très délétère; sa présence, même en très petite quantité, dans une atmosphère, suffit pour provoquer des maux de tête, des vertiges, et finalement l'asphyxie. Il est d'autant plus dangereux qu'aucune odeur ne trahit sa présence. C'est ce gaz qui produit les asphyxies par le charbon. L'empoisonnement est dû à ce que l'oxyde de carbone forme avec les globules du sang une combinaison assez stable; de telle sorte que ces globules sont désormais impropres à fixer l'oxygène, gaz nécessaire à l'entretien de la vie. On combat un commencement d'asphyxie par l'oxyde de carbone en exposant le malade au grand air et en lui faisant respirer de l'oxygène pur.

157. Propriétés chimiques. — L'oxyde de carbone est *combustible* : il brûle avec une flamme bleue en produisant du gaz carbonique : $CO + O = CO^2$.

Sa propriété chimique la plus importante est d'être un corps *réducteur* : il enlève de l'oxygène à un grand nombre de composés oxygénés et passe à l'état de gaz carbonique. Il réduit au rouge la plupart des oxydes métalliques; aussi joue-t-il un rôle important dans le traitement des minerais par le carbone; c'est par ce gaz que sont réduits les oxydes de fer dans les hauts fourneaux.

Si l'on introduit du papier-filtre imprégné d'une dissolution de chlorure d'or dans un flacon contenant de l'oxyde de carbone, le papier devient violet par suite de la réduction du chlorure.

158. Caractères. — On reconnaît surtout ce gaz à ce qu'il brûle avec une flamme bleue en donnant du gaz carbonique, qui trouble l'eau de chaux.

Il est absorbé par une dissolution de chlorure cuivreux dans l'ammoniaque.

159. Usages. — L'oxyde de carbone a des applications industrielles importantes. Outre l'action réductrice qu'il exerce sur les minerais, il est utilisé comme combustible. Pour cela, on le prépare économiquement dans des *gazogènes* : ce sont de grands fourneaux dans lesquels on fait passer de l'air sur une grille inclinée contenant une couche épaisse de charbon ou de coke (*fig.* 114).

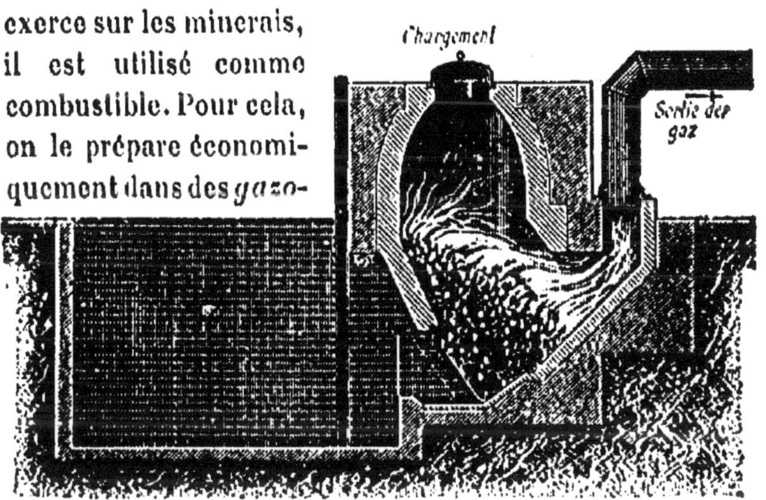

Fig. 114. — Gazogène pour la production de l'oxyde de carbone.

160. Sulfure de carbone, CS^2. — *Le sulfure de carbone se prépare par combinaison directe du soufre et du carbone au rouge :*

$$C + 2S = CS^{2\cdot 4}.$$

Dans les laboratoires, on peut en obtenir une petite quantité en chauffant au rouge une cornue de grès contenant du charbon de bois et portant une tubulure verticale (*fig.* 115), puis en introduisant de temps en temps des fragments de soufre par cette tubulure. Les vapeurs de sulfure de car-

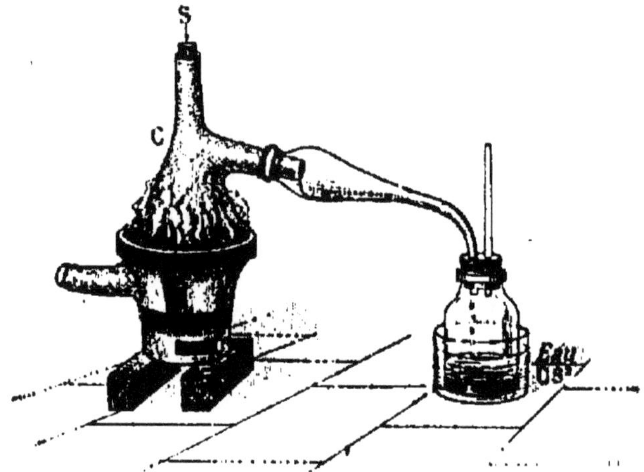

Fig. 115. — Production de sulfure de carbone.

bone produites traversent une allonge recourbée et vont se condenser dans un flacon contenant une petite couche d'eau.

Dans l'industrie, le charbon de bois est chauffé dans de grandes cornues en fonte munies d'un double fond perforé et disposées par 4 dans un foyer (*fig.* 116). Le couvercle de chaque cornue porte : un long tube destiné à l'introduction du soufre, une ouverture pour le chargement du charbon et un gros tube de dégagement. Les vapeurs du sulfure traversent d'abord un condenseur-sublimateur cylindrique où elles abandonnent une partie du soufre entraîné, puis vont se condenser dans une série de cloches en tôle munies d'une cloison perforée et plongeant dans une grande bâche contenant de l'eau.

Propriétés. — Le sulfure de carbone est un liquide incolore, très mobile ; il contient ordinairement des composés

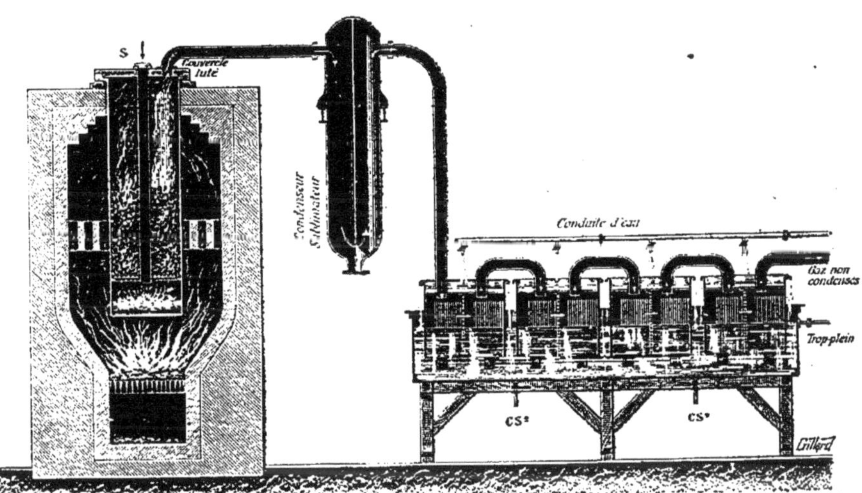

Fig. 116. — Préparation industrielle du sulfure de carbone.

sulfurés qui lui donnent une odeur fétide. Sa masse spécifique est 1g,293. Il est très peu soluble dans l'eau. C'est le dissolvant par excellence de l'iode, du soufre, du phosphore, du caoutchouc et des corps gras.

Le sulfure de carbone bout à 45°. Ses vapeurs sont dangereuses à respirer.

Le sulfure de carbone s'enflamme vers 250° et brûle avec une flamme bleue en donnant du gaz carbonique et du gaz sulfureux :

$$CS^2 + 6O = 2SO^2 + CO^2.$$

Si l'oxygène est en quantité insuffisante, la combustion est incomplète, et une partie du soufre se dépose :

$$2CS^2 + 6O = SO^2 + 2CO^2 + 3S.$$

La vapeur du sulfure de carbone est très inflammable et elle constitue avec l'air ou avec l'oxygène des mélanges détonants dangereux ; aussi faut-il toujours manie ce liquide loin de toute flamme.

Les *sulfures alcalins* absorbent le sulfure de carbone en formant des composés appelés sulfocarbonates. Le sulfocarbonate de potassium CS^3K^2 est aujourd'hui préparé en grand à cause de son application à la destruction du phylloxera.

Usages. — Le sulfure de carbone est employé comme dissolvant, pour séparer le phosphore ordinaire du phosphore rouge, vulcaniser le caoutchouc et extraire les essences des plantes à odeur fugace ; pour enlever les matières grasses de la laine des moutons, des chiffons gras ayant servi au nettoyage des machines, des graines oléagineuses déjà triturées et pressées, des os, des cretons, etc.

C'est un insecticide précieux avec lequel on détruit les rats et autres animaux qui terrent, les charançons du blé, etc. On l'injecte dans le sol des vignes.

On utilise enfin le sulfure de carbone pour préparer les sulfocarbonates destinés au traitement des vignes et pour l'extinction des feux de cheminée.

---

161. Silicium : Si = 28. — Le silicium est un métalloïde qui entre dans la constitution de la silice et des silicates, très répandus dans la nature. Comme le carbone, on le connaît à l'état amorphe, à l'état graphitoïde et à l'état cristallisé.

Le silicium cristallisé forme des octaèdres réguliers noirs, à éclat métallique.

Le silicium graphitoïde est en lamelles grises d'apparence hexagonale.

Le silicium amorphe se présente en poudre brune, tachant les doigts. Chauffé, il brûle et se transforme en silice SiO^2.

162. Silice, SiO^2. — La silice ou anhydride silicique est un des corps les plus répandus dans la nature. Elle existe en dissolution dans certaines sources jaillissantes, comme les *geysers* d'Islande. Un grand nombre de plantes, comme les graminées, les prêles, etc., lui doivent leur rigidité. Elle forme les coquilles de certains mollusques et d'un grand nombre d'animaux inférieurs.

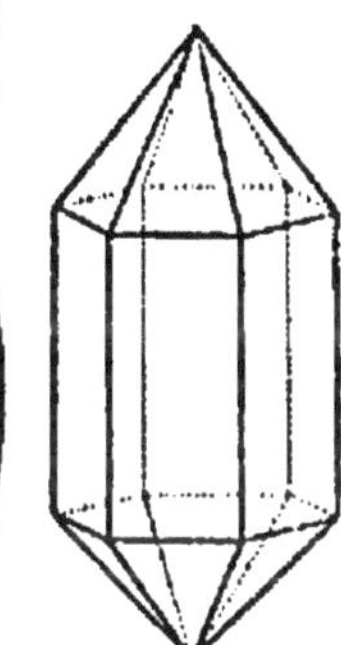

Fig. 117. — Cristal de roche.

A l'état cristallin, la silice constitue les différentes variétés de *quartz* : quartz hyalin ou cristal de roche (*fig.* 117), améthyste ou quartz violet, quartz rose ou rubis de Bohême, quartz enfumé.

L'*agate*, le *jaspe*, la *cornaline*, si employés dans l'ornementation, sont de la silice amorphe, diversement colorée par des matières étrangères. Le *grès*, le *silex*, le *sable*, le *tripoli*, la *pierre meulière* sont de la silice associée à de l'alumine et à de l'oxyde de fer, etc.

La silice est encore plus répandue à l'état de silicates. Une foule de roches et de minéraux sont constitués par des silicates ; tels sont : l'*amiante*, les *micas*, la *pierre ponce*, les *feldspaths*, le *talc*, etc.

Préparation. — *On prépare la silice pure en décomposant le silicate de sodium par l'acide chlorhydrique.* Dans un verre à pied contenant de la *liqueur des cailloux* du commerce (solution aqueuse de silicate de sodium), on verse peu à peu de l'acide chlorhydrique concentré et l'on agite : il se forme une gelée blanche de silice hydratée, tellement épaisse que l'agitateur s'y maintient verticalement (*fig.* 118). On la lave à plusieurs reprises, puis on la dessèche et on la calcine ; le résidu est une poudre blanche, constituée par de la silice pure.

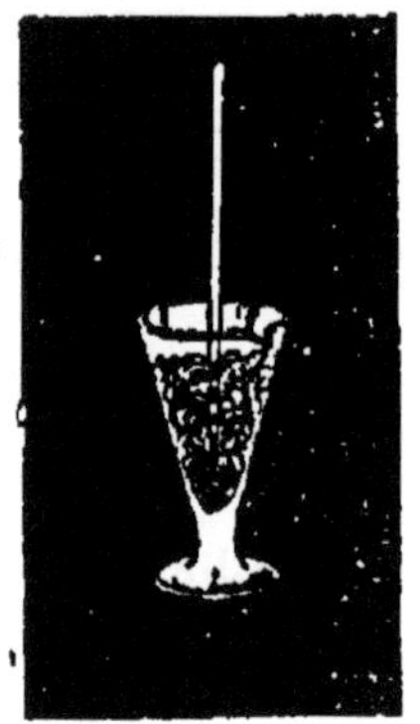

Fig. 118. — Formation de silice gélatineuse.

Propriétés. — La silice est inodore et insipide. Elle est très dure et raye le verre. Anhydre, elle est insoluble dans l'eau ; mais la silice hydratée (silice gélatineuse) se dissout en petite quantité dans l'eau, dans les acides étendus et dans les alcalis.

La silice ne peut être fondue que par un violent feu de forge ou par le chalumeau à gaz oxygène et hydrogène : on obtient alors un verre transparent, pouvant être étiré en fils.

La silice est inattaquable par tous les acides, sauf par

l'acide fluorhydrique, qui la transforme en *fluorure de silicium* SiF^4, gaz incolore et fumant à l'air :

$$SiO^2 + 4HF = 2H^2O + SiF^4\nearrow.$$

C'est le principe de la gravure sur verre (60).

Usages. — Les différentes variétés de quartz, l'agate, l'opale, etc., sont employées en bijouterie et pour l'ornementation. Le sable entre dans la composition du cristal, des verres, des poteries, des mortiers. Le tripoli, poudre siliceuse rougeâtre, est utilisé pour les nettoyages. Enfin le grès sert à paver, et la pierre meulière à faire des meules à broyer.

RÉSUMÉ DU CHAPITRE XVIII

L'anhydride carbonique CO^2 est très abondant dans la nature : ses principales sources sont la combustion des substances carbonées et la respiration. On le prépare en décomposant le marbre blanc (carbonate de calcium) par l'acide chlorhydrique dans un flacon à hydrogène.

C'est un gaz à saveur aigrelette, 1 fois 1/2 plus dense que l'air. Il n'entretient ni la respiration, ni la combustion. Un certain nombre de métalloïdes et de métaux le réduisent au rouge (carbone, hydrogène, potassium).

L'eau de chaux, la potasse absorbent le gaz carbonique en formant des carbonates ; aussi admet-on que la dissolution de ce gaz contient l'acide carbonique CO^3H^2. Cette dissolution colore le tournesol en rouge vineux.

Le gaz carbonique sert à préparer certains carbonates. On l'emploie en grand dans les industries du sucre et des soudes à l'ammoniaque. Sa dissolution sous pression constitue l'eau de Seltz.

L'*oxyde de carbone* CO se produit dans la combustion incomplète du charbon, dans la réduction du gaz carbonique par le charbon au rouge, etc. On le prépare en chauffant l'acide oxalique avec l'acide sulfurique concentré ; le mélange d'oxyde de carbone et de gaz carbonique qui se dégage traverse un flacon laveur à potasse qui retient ce dernier gaz.

L'oxyde de carbone est inodore, peu soluble, très délétère. Il brûle avec une flamme bleue en se transformant en gaz carbonique. C'est un réducteur, jouant un rôle important en métallurgie dans la réduction des oxydes.

Le *sulfure de carbone* CS^2 résulte de l'action du soufre sur le charbon incandescent. C'est un liquide incolore, à odeur fétide quand il est impur. Il dissout facilement le soufre, le phosphore, le caoutchouc, etc. Son évaporation produit un grand froid. Il est vénéneux.

A 250°, le sulfure de carbone s'enflamme et brûle avec une flamme bleue, en donnant du gaz sulfureux et du gaz carbonique, accompagnés d'un dépôt de soufre si la combustion est incomplète. Sa vapeur forme avec l'air un mélange détonant.

On emploie le sulfure de carbone pour dissoudre le soufre, le phosphore ordinaire, les matières grasses, etc. C'est un insecticide précieux.

La *silice* SiO^2 est très répandue, soit cristallisée (quartz), soit amorphe (agate). Mélangée à de l'oxyde de fer, à de l'alumine, elle constitue les grès, le sable, le silex, etc.

On la prépare dans les laboratoires en décomposant le silicate de sodium par l'acide chlorhydrique.

La silice est très dure. Insoluble dans l'eau à l'état anhydre, elle s'y dissout en petite quantité quand elle est hydratée. Elle ne fond qu'à un violent feu de forge. Parmi les acides, l'acide fluorhydrique seul attaque la silice. C'est le principe de la gravure sur verre.

Outre son emploi comme pierre précieuse, la silice est très usitée à l'état de verre (verres, mortiers, poteries), de grès (pavage), de pierre meulière (meules à broyer).

EXERCICES ET PROBLÈMES DE CHIMIE

1. On décompose par la pile 1^{cm^3} d'eau ; combien obtient-on d'hydrogène et d'oxygène en volume?

2. Combien 100 grammes d'eau contiennent-ils d'oxygène et d'hydrogène ?

3. Quelle est la masse d'oxygène nécessaire pour brûler complètement 10 litres d'hydrogène? Quelle est la masse de l'eau obtenue?

4. Combien un litre d'air pèse-t-il de fois moins qu'un litre d'eau ?

5. Combien un litre de chlore pèse-t-il de fois plus qu'un litre d'hydrogène?

6. Combien faut-il d'oxygène pour brûler complètement 12^g de carbone et quelle est la quantité de gaz carbonique obtenue?

7. Quelle quantité de zinc et d'acide sulfurique faudrait-il employer pour obtenir 10 litres d'hydrogène ?

Solution. — Écrivons l'équation qui représente la préparation de l'hydrogène par le zinc :

$$Zn + SO^4H^2 = SO^4Zn + 2H.$$

En remplaçant les symboles par les masses atomiques correspondants, nous voyons que 65g de zinc, agissant sur (32 + 64 + 2) ou 98g d'acide sulfurique, donnent (32 + 64 + 65) ou 161g de sulfate de zinc et dégagent 2g d'hydrogène.

Or, 1 litre d'hydrogène pèse 0g,089; 10 litres pèseront 0g,89. Puisque 65g de zinc dégagent 2g d'hydrogène, pour obtenir 0g,89 de ce gaz il faudra employer $\frac{65 \times 0,89}{2} = 28^g,92$ de zinc.

De même, on devra prendre $\frac{98 \times 0,89}{2} = 43^g,61$ d'acide sulfurique.

8. On décompose par la chaleur 100g de chlorate de potassium ; quel est le volume d'oxygène obtenu ? Quelle est la masse du chlorure de potassium résidu ?

Solution. — La décomposition complète du chlorate de potassium a lieu suivant l'équation

$$ClO^3K = KCl + 3O,$$

c'est-à-dire que (35,5 + 48 + 39) ou 122g,5 de chlorate laissent un résidu de chlorure de potassium pesant (39 + 35,5) ou 74g,5 et dégagent $16 \times 3 = 48^g$ d'oxygène.

Si 122g,5 de chlorate dégagent 48g d'oxygène, 100g en dégageront $\frac{48 \times 100}{122,5} = 39^g,18$.

1l d'oxygène pesant $1,105 \times 1,293$ ou 1g,43, les 39g,18 dégagés correspondront à un volume de $\frac{39,18}{1,43} = 27^l,4$.

Enfin, la masse du chlorure résidu sera $\frac{74,5 \times 100}{122,5} = 60^g,8$.

9. Quel est le volume de chlore obtenu par l'emploi de 100 grammes de bioxyde de manganèse ? Le gaz est mesuré sec à 15° et sous la pression de 80cm de mercure.

Solution. — En appliquant l'équation

$$MnO^2 + 4HCl = MnCl^2 + 2Cl + 2H^2O,$$

on voit que l'emploi de (55 + 32) ou 87g de bioxyde donne (35,5 × 2) ou 71g de chlore ; par suite 100g de bioxyde en donneront $\frac{71 \times 100}{87} = 81^g,6$.

1 litre de chlore pesant $2,45 \times 1,293 = 3^{g},17$, ces $81^{g},6$ occuperont un volume de $\frac{81,6}{3,17} = 25^{l},74$. Mais le volume ainsi calculé par l'équation correspond à la pression normale de 76^{cm} de mercure et à la température de 0°.

A 15°, ce volume est $25,74\,(1 + \alpha t)$, α étant le coefficient de dilatation du gaz; et sous la pression de 80^{cm} il devient, d'après la loi de Mariotte, $25,74\,(1 + \alpha t)\frac{76}{80}$. En remplaçant dans cette formule t par 15 et α par $\frac{1}{273}$, qui est sensiblement le coefficient de dilatation de tous les gaz, on trouve $25^{l},79$.

10. On a préparé de l'hydrogène avec 25 grammes de zinc; quel volume de ce gaz obtient-on à 12° et sous la pression $0^{m},74$? On réduit avec cet hydrogène 2 grammes d'oxyde de cuivre; quelle est la masse de l'hydrogène qui restera après la réduction ?

11. Après avoir chauffé un mélange de 30 grammes de fleur de soufre et 60 grammes de limaille de fer, on traite le produit solide obtenu par l'acide sulfurique étendu. En supposant qu'il n'y ait pas eu de perte de soufre, quelle est la composition du mélange gazeux que l'on obtiendra ?

12. Que se passe-t-il quand on fait agir de l'acide sulfurique dilué sur du sulfure de fer, et calculer le volume du gaz hydrogène sulfuré qu'on pourrait obtenir avec 100^{g} de sulfure de fer, sachant que les masses atomiques du soufre, de l'oxygène, de l'hydrogène et du fer sont respectivement 32, 16, 1 et 56, et que la densité de l'hydrogène sulfuré est de 1, 19.

13. On introduit dans un eudiomètre 100 cent. cubes d'air et 50 cent. cubes d'hydrogène, puis on excite l'étincelle. On demande le volume et la composition du résidu.

14. On mélange les gaz provenant : 1° de l'action de l'acide chlorhydrique sur 5 grammes de fer pur; 2° de la décomposition par la chaleur de 10 grammes de chlorate de potassium; 3° enfin du traitement de 4 grammes d'acide oxalique anhydre par un excès d'acide sulfurique. On demande : 1° le volume de chacun des gaz qui composent le mélange; 2° à quoi se réduiraient 200 vol. de ce mélange dans l'eudiomètre après l'étincelle.

15. Quelle est la masse de carbone pouvant être transformée en oxyde de carbone par l'oxygène contenu dans 100 grammes de sesquioxyde de fer pur et sec ? Quel est le volume d'air qui serait nécessaire pour transformer cet oxyde de carbone en gaz carbonique, et quel serait le volume occupé par ce dernier gaz à 30° et sous la pression 0,77 ?

16. On traite 0g,1 de sulfure d'antimoine par un excès d'acide chlorhydrique concentré. Le gaz formé, séché et débarrassé des vapeurs chlorhydriques, est recueilli sur le mercure et mélangé à 10 fois son volume d'air mesuré à 0° et 760mm. Le mélange est enflammé au moyen d'une étincelle électrique. On demande la composition qualitative et quantitative du résidu gazeux séché à nouveau.

$Sb = 120, \quad S = 32, \quad H = 1, \quad O = 16.$

Densité de l'hydrogène par rapport à l'air, 0,0695.

17. On brûle, avec un excès d'oxygène, 25g,333 de sulfure de carbone. Les produits de la combustion sont dirigés à travers une solution de potasse caustique concentrée, employée en excès.

On demande quelle sera l'augmentation de poids éprouvée par cette solution.

18. Quel est le volume de gaz carbonique obtenu par l'action de l'acide chlorhydrique sur 100 grammes de carbonate de calcium ? Le gaz est mesuré sec à 20° et sous la pression de 75 centimètres de mercure.

19. On traite par l'acide azotique chaud en excès 9g,3 de phosphore jusqu'à dissolution complète. Le produit de la réaction est évaporé à sec et le résidu est fortement chauffé jusqu'à ce que son poids reste constant. On demande la nature et le poids du résidu ainsi obtenu ; la nature et le poids du résidu que l'on obtiendrait si, au lieu de calciner, on se contentait d'évaporer et de sécher en chauffant au bain-marie jusqu'à 100°. Quelles sont les réactions distinguant les solutions aqueuses des deux résidus ?

20. Calculer la masse du phosphore contenu dans 100g de phosphate tricalcique, sachant que les masses atomiques du phosphore, de l'oxygène et du calcium sont respectivement 31, 16 et 40.

TABLE DES MATIÈRES

CHAPITRE VII

Acide chlorhydrique.

CHAPITRE VIII

Brome. — Iode. — Fluor.

II. — MÉTALLOÏDES DIVALENTS

CHAPITRE IX

Soufre.

CHAPITRE X

Acide sulfhydrique.

CHAPITRE XI

Composés oxygénés du soufre.

III. — MÉTALLOÏDES TRIVALENTS

CHAPITRE XII

Azote. — Air.

CHAPITRE XIII

Ammoniaque.

CHAPITRE XIV

Composés oxygénés de l'azote.

CHAPITRE XV

Phosphore.

CHAPITRE XVI

Arsenic. — Antimoine. — Bore.

IV. — MÉTALLOÏDES TÉTRAVALENTS

CHAPITRE XVII

Carbone.

CHAPITRE XVIII

Composés oxygénés et sulfurés du carbone. — Silice.

CHARTRES. — IMP. DURAND, RUE FULBERT.

LA MÉTALLURGIE DU FER, par Paul DOUMER, P. IWEINS, F. THYSSEN, J. O. ARNOLD, L. BACLÉ, P. NICOU, E. DE LOISY, W. KESTRANEK, baron DE LAVELEYE, F. MEYER. — Vol. 22/14cm. 10 fr. »

L'ŒUVRE DE L'INGÉNIEUR SOCIAL, par W.-H. TOLMAN, avec une préface de CARNEGIE; traduit et adapté de l'anglais par Pierre JANELLE, avec une préface de M. LEVASSEUR, membre de l'Institut. — Vol. 25/16cm, illustré de 50 photographies hors texte. Broché, 6 francs; relié demi-chagrin . . . . . . 8 fr. 50

LA LOCOMOTIVE MODERNE, par J. TRIBOT-LASPIÈRE, ingénieur civil des Mines. — Vol. 20/13cm de 193 pages, illustré de nombreuses gravures et de 16 planches hors texte; broché, 3 fr. 50; cartonné. . . . . 4 fr. 50

NOTIONS SUR LES MACHINES A VAPEUR *(Chaudières à vapeur, machines à vapeur, moteurs à pétrole, métaux employés dans les machines)*, par E. LOTTE, mécanicien en chef, examinateur de la Marine. — Vol. 22/14cm avec 152 figures, cartonné toile souple. . . . . 4 fr. »

LA FORCE ET LA LUMIÈRE à la ferme et dans la petite industrie, par L. PREUX. — Vol. 22/14cm avec 51 figures et 5 planches hors texte. . . . . 2 fr. 50

LEÇONS DE CHIMIE, avec des **Compléments** destinés aux élèves des écoles industrielles et professionnelles, par J. BASIN, professeur agrégé au lycée de Lille. — Vol. 19/13cm :

Tome I : *Métalloïdes*, 13e édit., br. 2 fr. 50; relié toile. . 3 fr. »
Tome II : *Métaux*, 12e éd., broch. 2 fr.; relié toile. . 2 fr. 50
Tome III : *Chimie générale, Chimie organique, Analyse chimique*, 9e édit.; broché, 3 fr. 50; relié toile. . . . . 4 fr. »

LEÇONS DE PHYSIQUE, par J. BASIN :

Tome I : *Pesanteur, Hydrostatique, Chaleur*, 10e édit., broché 2 fr. 50; relié. . . . . 3 fr. »
Tome II : *Acoustique, Optique, Electricité* et *Magnétisme*, 10e édition, broché 3 fr.; relié. . . . . 3 fr. 50
Tome III : *Compléments*. Vol. de 704 p. et 478 gr.; 3e édit., br. 5 fr.; relié. . . . . 5 fr. 50

Le tome III constitue un véritable cours élémentaire de physique industrielle. Tous les instruments, les appareils et les machines y sont décrits en prenant pour types les modèles les plus récents, munis de tous les perfectionnements. Bien que tout à fait au courant de tous les progrès de la physique moderne, ce volume n'en reste pas moins élémentaire et classique.

Programmes des conditions d'admission et de l'enseignement :
A l'*Ecole d'Horlogerie de Paris*. . . . . 0 fr. 30
A l'*Ecole de Papeterie de Grenoble*. . . . . 0 fr. 30
A l'*Institut Industriel du Nord de la France*. . . . . . 0 fr. 30

ANNUAIRE DE LA JEUNESSE. — *Moyens de s'instruire.* — *Choix d'une carrière*, par H. Vuibert. — Un vol. 18/12cm de 1175 pages ; broché, 3 fr. 50 ; cartonné toile rouge, 4 fr. 50 ; relié maroquin bleu, 6 fr.

Dans la première partie de cet ouvrage, **Éducation et Instruction**, on passe en revue tout ce qui a trait à l'instruction. L'auteur ne se limite pas aux établissements universitaires : il s'étend au contraire beaucoup sur tout ce qui a un caractère professionnel, spécial, et donne, pour chaque école d'enseignement technique, une nomenclature bien complète des professions enseignées.

La seconde partie : **Écoles spéciales**, intéresse les jeunes gens qui se destinent aux écoles où l'on va couronner son instruction. Les candidats aux écoles d'arts et métiers, notamment, trouveront des renseignements et des conseils précieux relatifs à leur préparation. Ils y trouveront aussi des statistiques intéressantes : nombre des candidats ayant concouru, des admissibles, des admis ; nombre des élèves brevetés, médaillés, nommés candidats boursiers à l'école centrale, nommés élèves-mécaniciens, etc.

LA GRAMMAIRE DES ÉLECTRICIENS *enseignée aux débutants par expériences et mesures*, par E. Gossart. — 2 vol. 22/14cm :

I. *Le courant continu* . . . . 6 fr. »
II. *Le courant alternatif* . . . . 6 fr. »

LEÇONS SUR LES ALLIAGES MÉTALLIQUES, par J. Cavalier. — Vol. 25/16cm avec de nombreuses figures et 24 planches photomicrographiques hors texte. . . . . 12 fr. »

LE THÈME ET LA VERSION aux examens et aux concours (textes et traductions). — Volumes 22/14cm brochés :

Le Thème allemand, par E.-B. Lang. — 2 vol. . . . . 4 fr. 50
Le Thème anglais, par B.-H. Gausseron. — 2 vol. . . . 4 fr. 50
La Version allemande, par E.-B. Lang. — 2 vol. . . . 4 fr. 50
La Version anglaise, par B.-H. Gausseron. — 2 vol. . . 4 fr. 50

THE WORKSHOP *and all about it*, à l'usage des élèves des écoles d'Arts et Métiers et des écoles pratiques de commerce et d'industrie, par L. Marissiaux, professeur à l'école pratique de Fourmies. — Vol. 18/12cm, cartonné toile. . . . . 1 fr. 75

Ce livre s'adresse aux élèves des Écoles d'Arts et Métiers et des Écoles pratiques et professionnelles. Il aidera les jeunes gens des sections industrielles à faire l'acquisition d'une langue étrangère : conquête utile en cas de séjour à l'étranger, ressource précieuse pour la lecture d'ouvrages spéciaux, de catalogues ou autres documents d'ordre commercial.

www.ingramcontent.com/pod-product-compliance
Ingram Content Group UK Ltd.
Pitfield, Milton Keynes, MK11 3LW, UK
UKHW012033240726
13965UKWH00002B/765